人工智能

重塑秩序的力量

杨学军 吴朝晖 等 著

科学出版社

北京

内 容 简 介

人工智能承载了人类之梦与科学之梦。回望两千多年来人类对人工智能的追梦之旅，各种幻想、思辨、探索、曲折构成了一幅令人惊叹的历史画卷。人工智能的起点在哪里？曾经历过哪些艰辛的尝试？人工智能背后的科学机理是什么？人工智能如何在军事领域成为颠覆性技术？人类在未来已来的智能时代又该如何自处？如果对这些问题感兴趣，那么请您翻开本书，来认识和感受人工智能这一重塑秩序的伟大力量吧！

本书融合了哲学、科学、技术、人文等多个视角，在娓娓道来中将人工智能发展的全景呈现出来，释理论罕譬而喻，谈问题深入浅出，说事例引人入胜，是帮助大众读者了解和通晓人工智能的科普读物。在阅读过程中，您将跟随作者的思绪穿越时空见证人工智能发展变迁的风云历程。

图书在版编目（CIP）数据

人工智能：重塑秩序的力量 / 杨学军等著. —北京：科学出版社，2023.9
（国防科普大家小书）

ISBN 978-7-03-075836-1

Ⅰ. ①人… Ⅱ. ①杨… Ⅲ. ①人工智能-普及读物 Ⅳ. ①TP18-49

中国国家版本馆 CIP 数据核字（2023）第108970号

丛书策划：张　凡　侯俊琳

责任编辑：朱萍萍　高雅琪 / 责任校对：韩　杨

责任印制：师艳茹 / 封面设计：有道文化

科 学 出 版 社 出版

北京东黄城根北街 16 号
邮政编码：100717
http://www.sciencep.com

北京中科印刷有限公司 印刷

科学出版社发行　各地新华书店经销

*

2023年9月第 一 版　开本：720×1000　1/16
2024年1月第二次印刷　印张：13
字数：150 800

定价：**58.00元**

本书编写组

杨学军　吴朝晖　汪晓庆　吴　飞

钱　徽　刘绍华　汪　淼

序一

　　人类社会正在见证人工智能的第三次浪潮。这次人工智能浪潮波及面之广，几乎影响到了每个普通人，使得越来越多的非专业人士也希望了解人工智能。同时，这次人工智能浪潮冲击力之大，似乎超出了专业人士的认知，使得越来越多的研究人员希望洞悉人工智能的内在机理。因此，无论是普通读者还是专业人士，都期待能够阅读到优秀的人工智能科普读物。

　　因为工作关系和兴趣，我近年来读了许多专业性和趣味性皆佳的科普读物，其主题既有我所从事专业之外的，又有我所从事专业之内的，让我对科普读物有了更多感受。我认为，一本好的科普读物应该不仅在非专业人士看来是自出机杼、通俗易懂的，而且在专业人士看来也应该是视角独特、发人深省的。杨学军院士牵头奉献的《人工智能：重塑秩序的力量》就是这样一本令我阅之欣喜的人工智能科普佳作。

　　我认为这本书有以下独特之处。特点之一是自出机杼。作者精心选择人工智能发展历程中的重要事件、人物、思想和里程碑性成果进行介绍，旁征博引、文采斐然，带着读者在回望中体会人工智能如何一路走来，又将走向何方。特点之二是通俗易懂。这本书读来妙趣横生，用浅显直白的语言阐释深奥、专业的学术问题，用引人入胜的事件串起艰辛枯燥的探索历程，让人沉浸其中。特点之三是视角独特。书中围绕推动当今人工智能发展的算法、数据、算力这三驾马车，以算法为舟楫，横渡广阔应用之江河，挖掘数据背后的隐秩序，开拓"数字石油"新疆域，突破算力引擎极限，畅想殊途同归的终极算力形态。此外，该书还以前人鲜有著述的军事智能应用，展现人工智能新成果中孕育的重塑秩序的力量，在震撼人心的新军事变革时代背景下，反复思量悬于人类头顶的达摩克利斯之剑。特点之四是发人深省。此书从人类文明的视角切入，以宏大的历史视野考察人类对智能问题的思考，让读者徜徉于上下几千年的思想源流，与古今中外圣贤精神相通，与人类世界科技发展脉搏同频共振，给读者以深刻启迪。这种历史、现实、未来交相辉映的独特视角张力十足，引发读者深入思考人工智能背后的哲学问题。

作为该书最早的读者之一，我想借此机会简要谈一谈我在阅读过程中对算法、数据、算力三个问题的思考，以及对人工智能未来发展的认识，与作者和读者交流。一是算法问题。我认为，今天的人工智能算法早已走出经典可判定问题的范畴，超越了图灵可计算意义下的经典算法框架，也就是不再局限于有穷的、确定的、可终止的指令序列，当今所谓训练"大模型"的机器学习算法是人机互动的持续学习过程，理论上没有绝对的停机时刻，也就没有确定性的输出，而只有阶段性的里程碑模型。二是数据问题。我认为，深刻影响当今人工智能发展的大数据并非来自认识自然界的科学实验装置，而是来自基于网络的人类行为数据和文明成果。这些大数据以人机交互方式被机器获取，支持机器持续学习。三是算力问题。我认为，支持机器学习算法持续运行的算力不再局限于一台能力边界清晰的超级计算机，而是由边界开放网络计算基础设施提供，并且这个基础设施是带"天启"（oracle）的超级机器。这里的"天启"就是指人类。因此我们谈及算力问题，不仅要关注机器算力，而且要关注与其相伴的人类力量。

未来的人工智能必然是人机物融合生态中的人工智能，最强大的人工智能系统是那些能够成功激发和汇聚人类智慧的系统。从人工智能发展演化的进程来看，人类始终是人工智能系统的"天启"者，人类智能对人工智能的作用不仅体现在人工智能系统的研制阶段，而且越来越多地体现在人工智能系统的运行阶段，必将贯穿于人工智能系统演化的全生命期。并且，人工智能也是人类智能的一部分，人工智能的发展以新的形态拓展人类智能的空间，深刻影响着人类社会的发展。

中国科学院院士

2023 年 4 月

序二

　　近年来人工智能的迅猛发展，特别是人工智能大模型的出现与运用，给社会的很多层面带来了改变，展现出重塑社会秩序的力量。通过使计算机在数据上根据算法进行学习，人工智能可以完成由特定到广泛的各种需要认知决策过程的任务，特别是对人类思维和行为的模仿。现如今，人工智能已经渗透与融入人类社会生活的各个角落，从医疗诊断到自动驾驶，从推荐系统到金融市场分析，甚至绘画、音乐等艺术领域也活跃着人工智能的身影。

　　在这样的背景下，《人工智能：重塑秩序的力量》这本兼具历史感与哲学性的人工智能领域的科普书应运而生，我非常喜欢。只有正确地认识历史，才能更好地把握现实、开创未来。本书结构清晰、深入浅出，从人工智能的起源出发，在算法、数据、算力三个方面探讨了人工智能的历史与未来，最终落脚于人工智能的实际应用。

　　本书的第一章回顾了人工智能的源起和曲折的发展进程。从公元前古希腊人对自动化的朴素愿景，到中世纪的自动机械装置，再到近现代对机器模仿生命特征的尝试，人类对人工智能的探索已经持续了几千年。在人工智能科学技术的发展之外，"机器能思考吗?"这样的哲学问题也引发了人们的困惑和思考，推动着人工智能不断向前发展。

本书的第二章介绍了人工智能算法的发展和存在的问题。机器学习技术的提出将人工智能从表达知识带领至学习新知识的领域，深度神经网络技术的发展再一次将人工智能从浅层学习带领至深度学习的领域，并成为当前算法领域的主流。无处不在的人工智能算法应用已在很大程度上改变了人类社会。另外，本书还探讨了一些开放性的算法问题，包括深度模型相比于浅层模型的优势、超级算法的存在性问题、心智计算的可能性、算法的技术奇点等问题，一步步对人工智能算法进行了深入的剖析。

本书的第三章探讨了数据在人工智能发展中的重要价值。生活中处处存在着大量的数据，数据中蕴含着众多等待挖掘的信息，大数据已成为智能时代重要的生产要素。本书从人们对数据的理解和应用的过程出发，旁征博引，将数据分析的理论和实践的历史娓娓道来，并以 ImageNet 这一广为人知的数据集给人工智能技术带来的改变为例，展现了数据的价值。对历史的理解是为了更好地展望未来，数据开源共享的黄金时代已在前方。

本书的第四章探讨了算力对于人工智能发展的重要驱动作用。人工智能算法的飞速发展带来了对算力的渴求，强大的算力驱动着现今智能之舟的不断前进。本书以史为序，展现了人类在提高算力领域的持续努力。在摩尔定律即将走到尽头的今天，新一代智能算力的研发已经刻不容缓，光加速和量子计算技术、分布式算力架构成为传统算力上限的重要突破口。

本书的第五章介绍了人工智能在军事领域的重要应用，这也是本书的一大特色。各式各样的军用机器人已经走向战场，并拥有越来越高的智能化与自主化程度，在决策、博弈、协作等方面展现出强大的能力。人工智能已经给军事带来了巨大变革，也对法律、伦理道德等方面产生了冲击，但历史和技术的进步不可阻挡，人们必须主动应对，以迎接这一挑战。

本书的主要作者杨学军院士和吴朝晖院士我已经认识多年，他们都是我非常崇敬的学者。杨学军院士是高性能计算机与并行分布计算领域的著名专家，作为总设计师带领国防科技大学团队研制了以"天河一号"为代表的六个国家重大高性能计算机系统。吴朝晖院士是服务计算与脑机融合智能领域的著名专家，带领浙江大学团队研制了复杂服务计算支撑平台、听视觉增强的大鼠机器人、国际上神经元规模最大的类脑计算机等原型系统。本书充分体现了他们耕耘多年所积淀的深厚学术功底与哲学思想。我相信，本书从历史发展角度的阐述与深入浅出的讲解，可以让读者对人工智能领域有一个全面、深刻的认识，乃至形成对人工智能的独到思考。

中国科学院院士

2023 年 4 月

前言

1955 年 8 月，一份关于举办达特茅斯人工智能夏季研讨会的提议描述了如下猜想："学习的每个方面或智能的任何其他特性原则上都可以被精确地描述，因此可以用机器来进行模拟。"由此，开新学之滥觞，人工智能随即登上历史舞台，一场"用智慧再造智慧"的伟大探索拉开了帷幕。

如今六十多年过去了，人工智能似乎看到了些许成功的曙光：人类在与机器棋手的对弈中连尝败绩，高速公路上出现了无人驾驶的汽车，电影网站可以精准地推荐人们喜好的电影，艺术网站根据文字描述自动地绘出想要的画面。总体上，人们有了一个基本共识：尽管人工智能的基础理论还远远没有到达巅峰，但是算法、数据和算力已经将人工智能的技术应用推上了一个高点。

到了 2022 年 11 月，人们甚至可以和一个叫 ChatGPT 的聊天机器人进行顺畅的人机对话。你问的几乎所有问题，它都能流利作答，而且答案看上去还真不错。为了一探究竟，我们挑选了几个本书读者可能会关心的问题，想看看 ChatGPT 是如何回答的。我们将问答抄录如下，作为前言中最重要的一部分呈现给大家。

问题 1：什么是人工智能？

ChatGPT：人工智能是指计算机或者机器模仿人类思维和行为的能力，包括学习、适应和解决问题的能力。人工智能包含不同的类别——从设计用于执行特定任务的狭义或者弱人工智能，到拥有类人智能水平、能够执行广泛任务的通用或者强人工智能。

人工智能系统通过使用大量的数据和算法进行训练，从而能够识别模式并基于相关信息做出决策。人工智能的一些常见应用包括图像和语音识别、语言翻译及自动驾驶决策等。

人工智能领域正在快速发展，研究人员和开发人员正在不断致力于改进与扩展人工智能系统的能力。虽然人工智能有可能彻底改变许多行业并改善人们的生活，但它也引发了道德伦理和社会层面的担忧，如自动化取代工作的可能性及确保人工智能系统公平公正的必要性。

问题 2：人工智能和哲学、科学、技术有什么关系？

ChatGPT：人工智能涉及多个学科，与哲学、科学和技术都有密切联系。

哲学对人工智能产生了深远的影响，因为人工智能涉及人类智慧和意识的本质，以及人类和机器之间的界限。哲学家们一直在思考人工智能可能带来的哲学问题，如机器能否拥有意识或智慧，以及人工智能可能对人类社会产生的影响。

科学对人工智能也有巨大的贡献，因为人工智能的核心技术，如机器学习、自然语言处理和人工神经网络，都基于数学和计算机科学的原理。科学家们还通过实验和研究来探索人工智能的各种应用。

技术是人工智能发展的基础，因为它提供了执行人工智能任务所需的硬件工具和软件工具。例如，人工智能系统通常需要大量的计算能力来执行复杂的任务，因此技术发展对于人工智能的发展至关重要。此外，技术还提供了将人工智能应用于实际问题的方法。

问题3：人工智能是改变秩序的力量吗？

ChatGPT：人工智能可以被视为改变秩序的力量。随着人工智能技术的发展，它已经在许多领域产生了巨大影响，改变了人类的生活方式和工作方式。

例如，人工智能可以用于自动驾驶汽车、自动机器人、自动化工厂流程、自动检测及诊断疾病、自动分析和决策等。这些应用都有可能改变人们的工作方式，甚至可能会导致一些工作岗位的消失。

此外，人工智能也可能会改变人们的生活方式。例如，通过自动化家庭智能系统来控制家庭设备和安保系统，或者通过人工智能助手来帮助人们管理日常事务。

总的来说，人工智能可能会对社会秩序产生深远的影响，因此在使用人工智能技术时应当谨慎考虑其可能带来的后果。

问题4：算法、算力、数据对于人工智能有什么用？

ChatGPT：算法、算力和数据是人工智能的三大基础要素。

算法是指解决特定问题的计算步骤的集合。人工智能系统通常使用各种算法来解决问题，如分类、回归、聚类、强化学习等。

算力是指计算机系统的计算能力。人工智能系统需要大量的算力来进行计算，因此计算机的算力越强，人工智能系统的性能就越好。

数据是指用于训练人工智能系统的信息集合。人工智能系统需要大量的数据来学习和改进，因此数据的质量和数量也是影响人工智能系统性能的重要因素。

总的来说，算法、算力和数据是人工智能系统的基础要素，它们共同作用于人工智能系统的性能和效率。

问题 5：人工智能会取代或超越人类智能吗？

ChatGPT：人工智能可以解决许多复杂的问题，并在一些领域表现出超过人类的能力。但是目前来看，人工智能并不能取代人类智能。人工智能系统依赖于人类设计，并且在解决复杂问题时会受到许多限制。

例如，人工智能可能无法理解人类的情感或文化背景，并且在决策过程中可能缺乏人类的判断力和创造力。此外，人工智能在某些情况下可能会出现偏差或错误，这是由于它们只能在被给定的数据和规则的范围内工作。

尽管如此，人工智能仍然可以为人类提供很多帮助，并在某些领域取得巨大成就。因此，人类和人工智能可以协同工作，以实现更大的目标。

我们看到，ChatGPT 给出的回答语法严谨、语序自然、语义清晰，似乎每句话都恰是我们想告诉读者的。因此，甫一问世，这个由美国 OpenAI 公司研发的聊天机器人就受到全世界的关注，一方面好评如潮，另一方面引人探究。我们所知的一些事实是：ChatGPT 是基于深度神经网络模型实现的，模型训练使用监督学习和强化学习算法；海量的互联网文本被用作训练语料。ChatGPT 使用的数据量是惊人的。它的前身 GPT-3 模型用 45 万亿字节的数据训练出 1750 亿个参数的神经网络模型，而 ChatGPT 的规模比 GPT-3 的庞大许多。这让人们再次把目光聚焦在算法、数据和算力上。

　　在本书中，我们没有打破这一窠臼，仍然着墨于算法、数据和算力三个维度。除了回顾人工智能的发展历史外，重点介绍了三者对人工智能的意义。我们把算法比作智能之舟，把数据比作智能之矿，把算力比作智能之翼，通过科普主要概念告诉大家人工智能是一项赋能技术，正成为引领科技和产业变革的主要驱动力之一。此外，通过一些具体的事例，我们还试图引发读者对其中重要问题的思考。

　　本书没有回避人工智能军事应用这一人类面临的重大问题，而是聚焦典型场景，阐述了人工智能正在深刻改变战争形态、作战样式、装备体系和战斗力生成模式，进而推动军事领域全面进入"机器人时代"。物理学家费曼曾经说过一段话："每个人都掌握着一把开启天堂之门的钥匙，这把钥匙同样也能打开地狱之门。如果我们没有办法分辨一扇门是通向天堂还是地狱的，那么手中的这把钥匙就是一个危险的玩意儿。可是，这把钥匙确实有它的价值——没有它，我们无法开启天堂之门；没有它，我们即使明辨了天堂与地狱，也还是束手无策。"

　　人工智能可能就是这样一把可以改变世界的钥匙吧！

中国科学院院士

2023 年 4 月

目录

第一章

源起：人类之梦

梦想只要持久，就能成为现实。

——阿尔弗雷德·丁尼生

　　人类对人工智能的探索始于梦想。两千多年来，作为发现自然法则、发明创造工具、改造客观世界的万物之灵，人类一直在审视自身的思维方式和行为，并幻想制造出能够像人类一样思考和行动的机器，人工智能由此成为哲学家、科学家、艺术家最伟大的梦想之一。在漫长的历史长河中，人类对人工智能孜孜不倦地追求和探索绘制出一幅壮美绚丽的画卷。

一、梦起：从《伊利亚特》到阿西莫夫

　　人工智能既承载了人类之梦，又承载了科学之梦。从上古时代人类通过神话故事畅想智能机器、尝试用逻辑推理刻画人类的思维过程，到中世纪对各种自动机械装置和推理装置的探索实践，再到近现代自动计算理论模型、计算机理论模型的建立及智能之"器"——电子计算机的诞生，人工智能汇集了计算机科学、哲学、数学、经济学、神经科学、心理学、语言学等众多领域学者的智慧，迸发出强大的生命力。

（一）智之愿

　　人类关于人工智能的梦想可以追溯到公元前 9 世纪至公元前 8 世纪，记载于古希腊诗人荷马的长篇叙事诗《伊利亚特》（*The Iliad*）中。《伊利亚特》中描绘了火神赫菲斯托斯的黄金女仆："侍从们赶上前去，扶持着主人，全用黄金铸成，形同少女，栩栩如生。她们有会思考的心智，通说话语，行动自如，从不死的神祇那里，已学得做事的技能。"① 这篇叙事诗中还描绘了赫菲斯托斯制作的可以自动进入神祇集会厅堂并能自行返回的宝座。令人感叹的是，大约 500 年后，古希腊哲学家亚里士多德在《政治学》（*The Politics of Aristotle*）中引述了这个故事，并提出"倘使每一无生命工具都能按照人的意志或命令而自动进行工作……匠师才用不到从属，奴隶主（家主）才可放弃奴隶"②，由此激发了后人对社会制度的深入思考和对人工智能的不倦探索。

无独有偶，大约在公元前 4 世纪，中国春秋战国时期思想家列御寇所著的《列子·汤问》中也记载了类似的故事——《偃师造人》。在周穆王向西巡狩时，偃师献给周穆王一个酷肖真人的人偶。这个人偶可曼声而歌、翩翩起舞。在表演完毕后，人偶向周穆王的宠姬抛了抛媚眼。这让周穆王勃然大怒，认为这是不折不扣的真人，便要当场处决偃师。在情急之下，偃师将人偶拆开，展示人偶是由涂有胶漆和黑白红蓝颜料的皮革、木头组成的器械。周穆王大叹偃师技法之高超，发出了"人之巧，乃可与造化者同功乎？"的感叹。除此之外，古希腊神话中守卫克里特岛的青铜机器人塔罗斯、中国春秋战国时期公输子所制的"成而飞之，三日不下"的木制飞鸢、三国时期诸葛亮设计的"不因风水，施机自运，不劳人力"的木牛流马都栩栩如生，记载了古人对智能机器或器械的美好憧憬，人工智能成为古代先民心中的绚丽之梦。

随着历史的车轮驶入中世纪，人类对科学的认知水平逐步提升，尤其是到了中世纪后期，随着古希腊和古阿拉伯科学成就的传入和大学的建立，欧洲的知识体系急剧扩展，科学取得的显著进步延续

---

① 荷马.伊利亚特.陈中梅译.上海：上海译文出版社，2016：448.
② 亚里士多德.政治学.吴寿彭译.北京：商务印书馆，1965：10.

着人类对人工智能的梦想。在这个时期，以机械人和机械生物的形式展现人工智能的案例在欧洲很普遍。从约 1300 年开始，法国埃丹的公园逐渐成为一个著名的模拟人类和动物的场所，其中的自动机械装置包括机器人、机械猴子、机械猪、机械鸟和计时装置等。这些自动机械装置让参观者看到了科学技术和想象力的相互依赖性，也看到了人工智能的未来。当时最耀眼的机器人则是达·芬奇于 1495 年左右在其手稿《大西洋法典》（*Codex Atlanticus*）中设计的

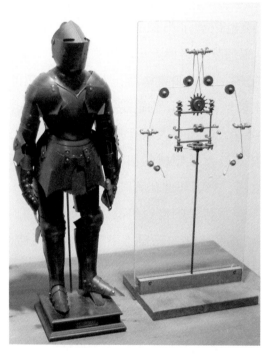

机械骑士（图 1-1）。① 这个机械骑士身着中世纪盔甲，拥有铰接关节和可活动的手臂、颚和头部等，可以通过齿轮系统来活动各个部件，能够站立、坐下和舞动四肢。[1] 虽然无从考证这个机器人是否真正被制造过，但《你所不知道的达·芬奇》（*101 Things You Didn't Know About da Vinci*）一书的作者辛西娅·菲利普斯和莎娜·普利厄评价达·芬奇的机器人设

图 1-1　达·芬奇设计的机械骑士模型及其内部机械 ①

① 图片来源：photo by Erik Möller. File: Leonardo-Robot3. jpg. https://commons.wikimedia.org/w/index.php?title=File:Leonardo-Robot3.jpg&oldid=512056654 [2022-03-10].

计是他在解剖学和几何学研究中的一个巅峰——达·芬奇将古罗马建筑内在的比例和关系应用于所有生物固有的运动与生命，在某种程度上说，这个机器人就是被赋予生命的维特鲁威人（图1-2）。[2]

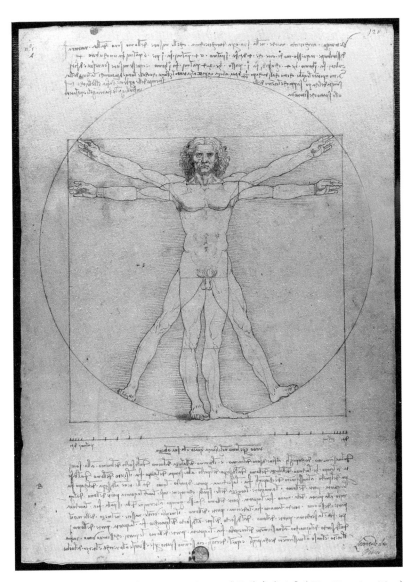

图1-2　达·芬奇创作的世界名画《维特鲁威人》（*The Vitruvian Man*）

进入近现代后，人类除了追求更智能的自动机械装置外，还开始了机器模仿生命特征的探索实践。随着科技的发展和机器智能水平的不断提升，人们在憧憬人工智能未来的同时，开始思考未来机器对人类的影响。1738 年，法国钟表匠雅克·沃康松制作了一只机械"消化鸭"（图 1-3）。这只鸭子由数百个活动的部件和羽毛组成，可以转动头部、拍打翅膀、吞下食物和发出"嘎嘎"的叫声。最奇妙的是，消化了的食物残渣会从鸭子底部排出。当然，实际上并不是鸭子真正消化了食物，而是在其底部装上了模拟粪便。这个多功能的自动机械装置引发了人们关于生命和机器之间界限的讨论。美国西屋电气公司制造的机器人 Elektro（图 1-4），在 1939 年纽约世界博览会上一经展出就立刻引起轰动。这个机器人会说数百个单词，可以根据语音指令做出动作。它的光电眼睛可以分辨红光和绿光，被誉为世界上第一个"名人机器人"。多年来，Elektro 激励了无数孩子朝着工程方向寻求职业发展。[1] 历史学家杰西卡·里斯金在谈到这段时期的发展时说道："我认为他们在基本的物质世界做一些有意思的事情，他们想把活跃的物质世界中人类最高级别的活动模仿出来。"①

对于人工智能的未来发展，英国作家兼学者塞缪尔·巴特勒具有惊人的洞察力，他在 1863 年发表的文章《机器中的达尔文》（*Darwin Among the Machines*）中预言，未来机器会逐渐取代人类执行各项工作，并可能出现可自我完善的超级智能机器，同时阐述了潜在的风险。巴特勒的观点在 20 世纪引起了共鸣，"控制论之父"诺伯特·维纳写道："如果我们的研究方向是让机器学会学习，并且

---

① 杰西卡·里斯金. 永不停歇的时钟：机器、生命动能与现代科学的形成. 王丹，朱丛译. 北京：中信出版社，2020：41.

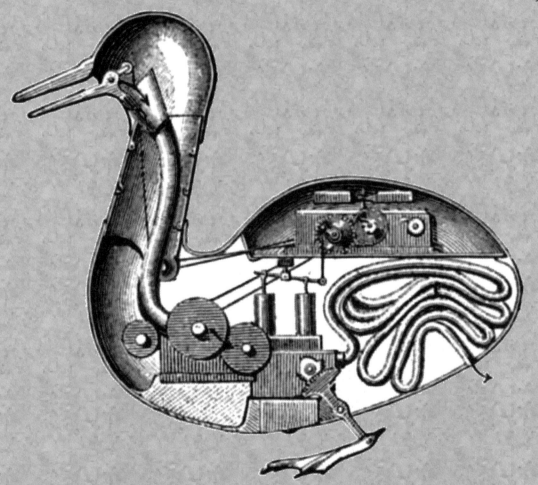

图 1-3 雅克·沃康松制作的机械"消化鸭"

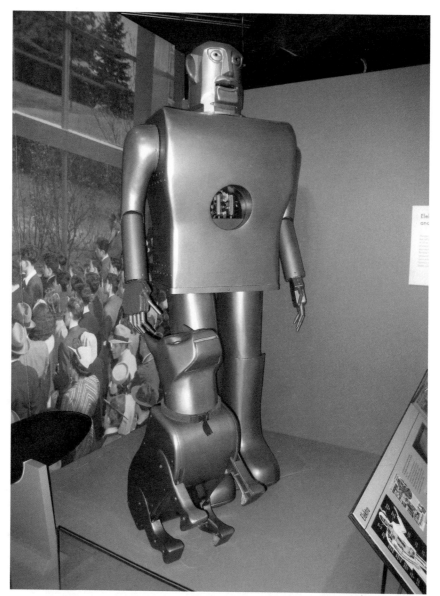

图 1-4　美国西屋电气公司制造的机器人 Elektro[1]

---

[1]　图片来源：Daderot. File: Senator John Heinz History Center-IMG 7802. JPG. https://commons.wikimedia.org/w/index.php?title=File:Senator_John_Heinz_History_Center_-_IMG_7802.JPG&oldid=485159573[2022-03-10].

根据经验改变自身行为，那么我们必须面对这样一个事实：我们赋予机器的每一分独立性，都为机器违背人类的意愿增添了一分可能性。瓶子里的精灵不会甘愿回到瓶子里，我们也没有理由期待它们会任凭人类处置。"[1]那么，面对人工智能似乎永无止境的发展，人类应该如何确保机器人不伤害人类呢？1942年，作家兼教育家艾萨克·阿西莫夫在短篇小说《环舞》(*Runaround*)中讲述了智能机器人与人类交流的故事，并提出了著名的"机器人三定律"。内容包括：①机器人不得伤害人类，或者由于不作为而使人类受到伤害；②除非违背第一定律，否则机器人必须服从人类的命令；③除非违背第一定律及第二定律，否则机器人必须保护自己。这引发了大量值得人类思考的问题，意义重大且影响深远。

　　人工智能是人类亘古即有的梦想，也是人类永不停歇追寻的梦想。纵观人类文明史，事实上在很漫长的一段时期内，人工智能的成就乏善可陈、光芒微弱。但黎明前的这些微光，昭示着人类从未停止过追逐人工智能这个梦想的脚步，也正是这些微光引领着人类继续逐梦前行，照亮了人工智能的发展之路。[3]

（二）智之道

　　伴随着伟大梦想而来的，是重大而严肃的哲学问题和科学问题。通往人工智能的方向和道路在哪里？这个问题始终萦绕在学者们的心头。在追寻人工智能之梦的历史进程中，哲学家和科学家接力前行，从关于意识和思维的哲学思考，到可计算思想起源和对形式化逻辑推理的漫长探索，再到图灵机模型的提出，人类终于窥探到通往人工智能的大门。

　　在古希腊，学者们已经开始尝试用逻辑推理来刻画人类的思维过程。"逻辑"（logic）最初的意思是单词或所言，后来发展为思想、理则、推理、推论的意思，是有效推论和证明的思维过程。逻辑推理是进行人类智能模拟的基本形式之一，将逻辑推理过程形式化是实现人工智能的一种基本手段。一般地，逻辑推理是从一个或几个已知的判断（前提）推出新判断（结论）的过程，因此需要研究可靠的逻辑推理方法（归纳法、演绎法等），这样就可以保证在前提正确的基础上获得正确的推理结论。亚里士多德是研究逻辑推理的先驱，他在《工具论》（*Organon*）中提出和建立的"演绎三段论"是一种著名的逻辑推理手段。简单地说，"演绎三段论"从大前提和小前提出发推理出结论。其中，大前提是一般性原则，小前提是一个特殊陈述。

> 大前提：所有的女人都是凡人。
>
> 小前提：伊莎贝拉是一个女人。
>
> 推理所得结论：伊莎贝拉是凡人。

如上所示，只要给出"所有的女人都是凡人"这个大前提，然后观测到"伊莎贝拉是一个女人"这个事实，就可以从这个事实（即小前提）出发，推理（预测）得到"伊莎贝拉是凡人"这个先前没有掌握的结论（即新知识）。这是一座从已知和观测出发抵达未知的"桥梁"。研究和探索逻辑推理这座"桥梁"，是人类对自身思维过程进行深入思考的结果。亚里士多德在逻辑推理方面的深入研究与巨大贡献被认为是人类最伟大的成就之一，为数学和人工智能的发展提供了早期的推动力。[1]

约 1305 年，加泰罗尼亚地区（现西班牙境内）的作家、哲学家雷蒙·卢尔在其所著的《伟大艺术》（*The Ultimate General Art*）中描绘了他设计的一种可推理的机械装置（图 1-5）。这个纸质的装置通过旋转可以组合一系列的字母和单词，从而催生新的想法和洞见以支撑神学辩论。卢尔提出了自己的理论，即用机械方法从一系列概念组合中创造新知识。他是最早尝试以机械方式而不是心理方式进行逻辑推理的人之一。德国数学家、哲学家戈特弗里德·莱布尼茨继承了卢尔的思想。他在 1666 年发表的《论组合的艺术》（*On the Combinatorial Art*）中提出，所有人类的思想，不管多么复杂，都是来自一些简单基本元素的组合。莱布尼茨设想创造出一台可以进行推理的机器（图 1-6）。这台机器包含一种通用的科学语言，可

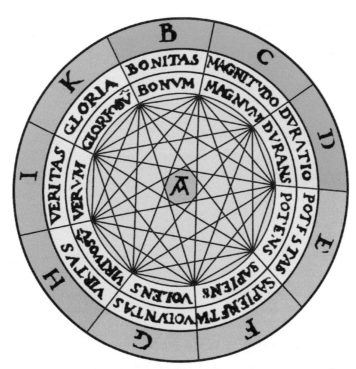

图 1-5　雷蒙·卢尔设计的可推理的机械装置

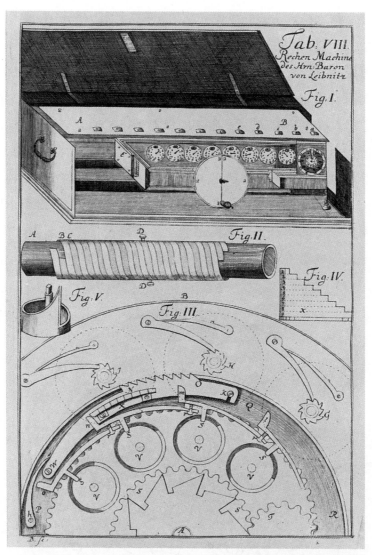

图 1-6　莱布尼茨设想的可以进行推理的机器的图解[①]

雅各布·勒波尔德 1727 年绘

---

①　图片来源：Leupold, Jacob. Details of the mechanisms of the Leibniz calculator, the most advanced of its time, 1727. [Photograph] Retrieved from the Library of Congress, https://www.loc.gov/item/2006690495/.

以使推理过程像数学一样利用公式进行计算，并得出正确的结论。莱布尼茨称它为"伟大的理性仪器"。它能够回答所有问题、裁决所有智力辩论。他曾提到，当人与人之间存在争论时，我们可以简单地说"让我们计算一下"，然后轻而易举地就能知道谁是正确的。[4]虽然这台机器注定无法建造成功，但"理性思维机器"——"利用计算的方法取代人类思维中的逻辑推理过程"这个观念的诞生，浓缩了莱布尼茨所处时代的精神，在孕育现代数理逻辑萌芽的同时，点燃了"认知可计算"这个人工智能核心法则的思想火花。

19 世纪至 20 世纪初，数理逻辑取得重要进展并且日渐成熟，推动了逻辑推理过程的符号化和数学化。1854 年，英国数学家乔治·布尔出版了影响深远的著作《思维规律的研究》（*An Investigation of the Laws of Thought*），建立了"布尔代数"，创造出一套符号系统和运算法则，利用符号表示逻辑中的各类概念，运用数学的方法分析逻辑问题，将逻辑简化为一种简单的代数，初步奠定了数理逻辑的基础。1879 年和 1884 年，德国数学家弗里德里希·弗雷格先后出版了《概念文字》（*Begriffsschrift*）和《算术基础》（*Grundlagen der Arithmetik*），引入了量词符号和变元约束，使得数理逻辑的符号系统更加完备。至此，莱布尼茨关于创造一种通用科学语言的梦想终于基本得以实现，逻辑推理的形式化水到渠成。将逻辑推理过程用符号表示，继而转化为符号演算，是数理逻辑的基本方向，也为人工智能的诞生和发展奠定了重要基石。[5]

1900 年，德国数学家戴维·希尔伯特提出了 20 世纪数学家应当努力解决的 23 个数学问题，这些问题被认为是 20 世纪数学的制高点。其中的第 10 个问题"能否通过机械化运算过程来判定整系数方程是否存在整数解？"引发了英国科学家艾伦·图灵的关注。1936 年，图灵发表了具有划时代意义的重要论文《论可计算数及其在判定问题上的应用》（*On Computable Numbers, with an Application to the Entscheidungs Problem*），首次提出了"图灵机"的概念。图灵机以极具天赋的抽象性，模拟了人类使用纸和笔进行数学运算的过程，将其还原为简洁而基本的机械操作，并证明基于简单的读写操作就可以处理非常复杂的计算，包括逻辑演算。此前横亘在抽象符号和实体世界之间难以逾越的"鸿沟"由图灵机架起了一座"桥梁"。

图灵机主要包括四个部分：①一条很长的纸带，它被划分成一个接一个的方格，每个方格内可能是数字 0 或者数字 1，也可能是空值；②一个读写头，它可以在纸带的方格上来回移动，能够读取格子内的字符，也能把当前字符改写成别的字符；③一个状态寄存器，可以把它想象成读写头上的一个屏幕，能够显示不同的符号以表示当前的状态；④一套控制规则表格，它根据状态寄存器当前显示的符号和纸带当前位置的字符，来确定读写头如何移动和操作字符，以及下一步该把状态寄存器修改成什么新的状态符号（图 1-7）。

	0	1	空值
A	1→B	0→A	空值←B
B	1←B	0→B	空值→S
……	……	……	……

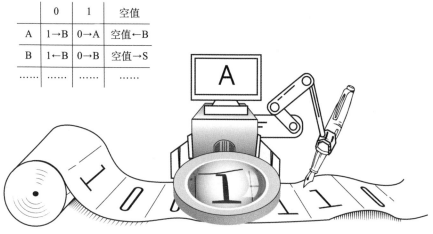

图 1-7 图灵机示意图
A、B、S 为状态寄存器显示的不同状态符号

图 1-8 是一个用于翻转 0 和 1 的图灵机运行简单实例，只要把读写头放在纸带最右侧的非空值位置上，运行完毕后，整个纸带上的 0 和 1 就会被翻转过来。[6]

作为一种抽象的计算模型，图灵机看似简单，但其功能却十分强大和完备，只要精心设计且纸带足够长，就可以完成如今计算机能做的任何计算。正如计算理论领域著名的"丘奇-图灵论题"（Church-Turing thesis）所阐释的："所有可计算的机器模型都等价于图灵机"——图灵机事实上定义了计算机的计算能力，这就是图灵机被誉为重大发明的原因所在。"丘奇-图灵论题"是一个关于可

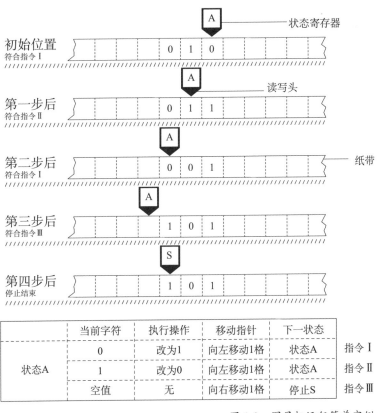

	当前字符	执行操作	移动指针	下一状态	
	0	改为1	向左移动1格	状态A	指令 I
状态A	1	改为0	向左移动1格	状态A	指令 II
	空值	无	向右移动1格	停止S	指令 III

图 1-8　图灵机运行简单实例

计算理论的假设，无法被严格地证明，但是基于迄今的观察和归纳，这个假设是真的。在发明图灵机的同时，图灵还定义了通用图灵机，其核心思想是图灵机的执行过程也可以被编码放到纸带上，由另一个图灵机执行来模拟其行为。这个能够模拟其他图灵机的图灵机被称为通用图灵机。[7] 这是一个非常深邃的洞见，现代计算机体系结构中"存储程序"的核心设计思想即源于通用图灵机。图灵机的出现不仅解决了数学中的基础理论问题，而且还证明了研制通用计算机的可行性，为现代计算机的诞生铺平了理论道路，一扇通往人工智能的大门由此开启。

（三）智之器

人工智能通常以机器为载体实现类人的智能，这是一个"用智慧再造智慧"的伟大探索。为了模仿人类的感知、认知、决策和行动等复杂过程，必须赋予机器计算的能力——一种特殊的机械化、自动化计算能力。拥有这种能力的计算工具被称为智能之"器"也毫不为过。如今人们所熟知的电子计算机等计算工具，其计算能力之强大已远超人类，但其发展之路却漫长而艰辛，蕴含着先驱们的不懈努力和智慧之光。

计算工具的起源可以追溯至原始社会，当时人类通过结绳、垒石等人工计数的方式进行简单计算。随着计算数目和复杂度的增加，人类开始尝试应用其他更高效的工具，如古代中国使用的算筹和算盘、古罗马使用的算板和算盘、古代印度使用的沙盘等。其中，古希腊的计数板是现存最古老且能够找到物证的计算工具——约公元前 4 世纪的古希腊萨拉米斯石碑（图 1-9），这是一块刻着字符和几组平行线标记的大理石石板。

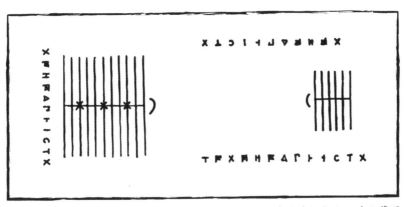

图 1-9　古希腊萨拉米斯石碑临摹图

中国古代发明的算盘（图 1-10）曾是世界上先进的计算工具，其历史至少可以追溯至约公元 190 年。算盘可以帮助人类在商业和工程领域进行快速计算，如今中国、日本等地区仍有使用。算盘的历史地位如此重要，以至于福布斯网站在 2005 年将其列为有史以来对人类文明影响排名第二的工具（刀和指南针分列第一位和第三位）。[1]

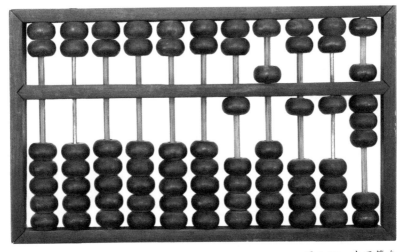

图 1-10　中国算盘

自明朝中期以后，中国乃至整个东方的计算技术开始进入停滞不前的状态。而同时期的西方，随着近代科学技术的发展及航海业、交通运输业、采矿业的崛起，数值计算越来越复杂，计算的准确性和快速性要求不断提高，人们开始探索新型的计算工具并取得重要进展。1614 年，苏格兰数学家约翰·纳皮尔发明了可以将乘除运算简化为加减运算的对数计算法，大大降低了运算难度，提高了计算速度。基于此，英国数学家埃德蒙·甘特设计了对数计算尺。不久之后，英国牧师、数学家威廉·奥特雷德将两把甘特对数计算尺并列组合在一起，通过彼此滑动进一步简化了计算。在此后的约 200 年时间里，各种形态的计算尺相继发明，大大丰富了计算内容。1850 年，法国炮兵中尉维克托·曼海姆将游标安装在计算尺上，形成了现代计算尺的雏形。计算尺开创了模拟计算的先河，通过长度、角度等物理量的变化模拟数值运算，大大减轻了繁重的计算工作，具有小巧便携、简化计算等特点。在其问世以后的 400 多年里，计算尺（图 1-11）一直是科技工作者特别是工程技术人员不可或缺的计算工具。[8,9]

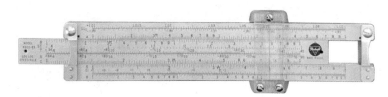

图 1-11　随阿波罗登月的 Pickett N600-ES 型计算尺 ①

17 世纪中期，紧随计算尺的发展，人类的计算工具进入了机械式计算机时代。1642 年，法国数学家、物理学家布莱士·帕斯卡发

---

① 图片来源：Photo by Jay Ballauer. https://www.allaboutastro.com/sliderules.html [2023-05-23].

明了世界上第一台齿轮式加法器——帕斯卡加法器（图 1-12），轰动了整个欧洲。帕斯卡的父亲是诺曼底地方税务署的官员，为帮助父亲减轻繁重的税收计算工作，帕斯卡潜心研究，花费十年时间终于研制出能够进行六位数加减法计算的机械计算机。这台机器利用齿轮传动原理，通过手摇的方式操作运算。帕斯卡认为"人的某些思维过程与机械过程没有差别，因此可以设想用机械模拟人的思维活动"[①]，这一思想对计算机的发展产生了重大影响。帕斯卡是一位全才，在数学、物理学、哲学、流体力学等诸多领域都有建树，中学物理课本中的"帕斯卡定律"就是以他的名字命名的。帕斯卡甚至还是个文学家，其文笔优美的散文在法国极负盛名。遗憾的是，帕斯卡英年早逝，他留给了世人一句至理名言："人只不过是一根芦苇，是自然界最脆弱的东西，但他是一根有思想的芦苇。"[10]

图 1-12 帕斯卡加法器[②]

① 刘钢. 让算术更容易——计算工具发展小史. 发明与创新, 2017, (101): 11-13.
② 图片来源：Rama/CC BY-SA 3.0 FR. File:Pascaline-CnAM 823-1-IMG 1506-black. jpg. https://commons.wikimedia.org/w/index.php?curid=53246694[2023-05-09].

　　莱布尼茨对帕斯卡加法器进行了改进与完善，并于 1671 年设计实现了能进行加减乘除四则运算的机械计算机——莱布尼茨乘法器（图 1-13）。在此后近 200 年的时间里，法国的查尔斯·托马斯和瑞典的威尔戈特·奥德涅尔又对莱布尼茨乘法器进行了实用化改进，使机械计算机得以批量生产并走向社会。1822 年，英国数学家查尔斯·巴贝奇开始设计制造用于计算多项式函数值的差分机，该工作持续了十年。尽管由于种种原因，他仅实现了设想的一部分（使用了约 25 000 个机械部件），但从陈列在伦敦科学博物馆的巴贝奇差分机（图 1-14）实物可以看出，这台由 6 个竖轴、几十个齿轮组成

图 1-13　莱布尼茨乘法器 ①

图 1-14 巴贝奇差分机 ①

的样机实现了当时技术条件下精密工程所能达到的极致，展现出令人赞叹的机械之美。1834 年，巴贝奇萌生了设计更加强大和通用的机器——分析机的构想，并于 1837 年完成了基本设计。这台机器由输入设备、内存、中央处理器（central processing unit，CPU）和输出设备组成。虽然受限于工艺等因素，分析机未能制造出来，但其设计体现了现代数字计算机的几乎所有功能，成为现代计算机的雏形。后人意识到，巴贝奇的设计构想比他所处的时代超前了约一个世纪，那个时代的技术还不足以支撑他实现梦想。

---

① 图片来源：Photo by User:geni/GFDL CC BY-SA 4.0. File:Babbage Difference Engine.jpg. https://commons.wikimedia.org/wiki/File:Babbage_Difference_Engine.jpg[2023-05-09].

　　20 世纪中期，机电技术的发展应用催生了机电式计算机。机电式计算机通过电能驱动机械装置进行计算，提高了计算的自动化程度。1941 年德国科学家康拉德·楚泽研制成功的 Z-3 型计算机（图 1-15）是世界上第一台程序控制机电式计算机，使用了约 2600 个继电器，同时采用浮点计数法、二进制运算和带数字存储地址的指令形式。这是当时最先进的计算机。但是遗憾的是，当时正值第二次世界大战期间，楚泽的研制工作几乎不为外人所知，他在计算机领域的突出贡献被第二次世界大战的硝烟湮没了。1944 年，哈佛大学的霍华德·艾肯与国际商业机器公司（IBM）合作，成功研制了大型机电式自动程序控制计算机（图 1-16）。这台机器重达 4.3 吨，由大约 76 万个零件组成，有 2204 个计数齿轮、3304 个继电器和 530 英里 ① 长的导线 [11]，最终由 IBM 公司赠送给哈佛大学并命名为 Mark-Ⅰ。艾肯将这台机器看作是对巴贝奇未竟事业的延续。

　　几乎与机电式计算机发展同步，随着真空管等电子元器件的发明应用和通用计算机理论模型的建立，终于迎来了世界计算机史上的高光时刻。1946 年，世界上第一台电子计算机——电子数字积分计算机（ENIAC）在美国宾夕法尼亚大学诞生并投入运行。参加 ENIAC 研制的是莫尔电机工程学院以约翰·莫奇利、约翰·埃克特为首的研制小组。ENIAC 重达 30 吨，使用了约 18 000 个真空管、7 万个电阻器和 1 万个电容器，占地约 140 平方米 [12]，使用十进制运算，每秒能运算 5000 次加法，比当时最快的机电式计算机快 1000 倍，是手工计算速度的 20 万倍。该机器隶属于美国军方，最初的设计目的是用于计算弹道表，而实际上它的第一个重要应用是参与了氢弹设计。ENIAC 只能通过人工扳动庞大面板上的各种开关和插拔

---

　　①　1 英里 =1.609 344 千米。

图 1-15　Z-3 型机电式计算机[①]

图 1-16　Mark-Ⅰ机电式计算机[②]

[①]　图片来源：Chumnanvej S, Pillai B M, Suthakorn J/CC BY 4.0. Surgical Robotic Technology for Developing an Endonasal Endoscopic Transsphenoidal Surgery (EETS) Robotic System-Scientific Figure on ResearchGate. https://www.researchgate.net/figure/Fig-1-The-Zuse-Z3-worlds-first-operational-computer-designed-by-Konrad-Zuse-in-1941_fig1_335934730[2022-06-21].

[②]　图片来源：Reprint Courtesy of IBM Corporation©。

电缆来进行数据信息输入（图1-17）。这虽然在如今看来十分落后（1995年，宾夕法尼亚大学在一块长7.44毫米、宽5.29毫米的芯片上实现了ENIAC的全部功能），但在当时却代表着人类计算技术的巅峰，奠定了电子计算机的发展基础，开辟了信息时代。

现代计算机之父冯·诺依曼并没有参加ENIAC的研制，而是在ENIAC尚未建成之际，会同莫奇利和埃克特，针对ENIAC设置程序效率低下等问题着手研究改进措施，并提请研制一台能够存储程序的新机器。美国陆军弹道研究实验室批准了这一申请，并提供10万美元的预算。这台新机器被命名为"离散变量自动电子计算机"（EDVAC）（图1-18）。冯·诺依曼为EDVAC重新设计了整个计算机架构，其内容记录在那篇堪称影响计算机历史走向

图1-17　工作人员正在设置ENIAC一个函数表的开关

图 1-18　冯·诺依曼与 EDVAC 计算机

的《EDVAC 报告书的第一份草案》(*First Draft of a Report on the EDVAC*) 之中。该草案不仅详述了 EDVAC 的设计方案，还为现代计算机指明了发展道路：①机器内部使用二进制表示数据；②像存储数据一样存储程序；③计算机由运算器、控制器、存储器、输入设备和输出设备 5 个部分组成。这些现在看来似乎理所应当的原则，在当时却是一次划时代的总结和指引。这种基于"存储程序"思想的计算机体系结构，被称为冯·诺依曼体系结构。冯·诺依曼体系结构给计算机的性能带来了革命性的突破。此前的计算机只能内置专用程序实现特定的功能，如果要改变程序，则必须更改计算机线路和结构乃至重新设计机器。冯·诺依曼体系结构的"存储程序"思想实现了计算机由专用性到通用性的转变。与风靡和启发了全世界的《EDVAC 报告书的第一份草案》相比，EDVAC 计算机似乎籍籍无名，其原因是 EDVAC 的研制进展稍慢，待到 1951 年终于研制成功时早已被大批其他存储程序计算机超越了。

不辨积微之为量，讵晓百亿于大千。从结绳计数到算盘，从计算尺到电子计算机，计算工具终于完成了从量变到质变的飞跃，人类社会也由此从"手工计算时代"迈入"自动计算时代"。电子计算机的诞生和发展，赋予了人工智能锋锐之利"器"，使得人工智能梦想的实现浮现出前所未有的希望。

二、原点：达特茅斯的宣言

　　人工智能发展历史中的重要里程碑是 1956 年夏季在美国新罕布什尔州汉诺威小镇达特茅斯学院（图 1-19）召开的一次研讨会，也称"达特茅斯会议"。这次会议正式提出"人工智能"（artificial intelligence）的概念，标志着人工智能领域的正式确立。因此，1956 年也通常被称为"人工智能元年"。

图 1-19　达特茅斯学院

（一）回望

1955 年 8 月，约翰·麦卡锡（时任达特茅斯学院数学系助理教授，1971 年度图灵奖获得者）、马文·明斯基（时任哈佛大学数学系和神经学系初级研究员，1969 年度图灵奖获得者）、克劳德·香农（时任贝尔实验室数学家，"信息论之父"）和纳撒尼尔·罗切斯特（时任 IBM 公司信息研究主管，IBM 第一代通用计算机 701 主设计师）四位学者向洛克菲勒基金会递交了一份《达特茅斯人工智能夏季研究项目提案》（*A Proposal for the Dartmouth Summer Research Project on Artificial Intelligence*），该提案以下面的声明开头。

我们建议，于 1956 年夏天在新罕布什尔州汉诺威小镇的达特茅斯学院进行为期 2 个月、共 10 人参加的人工智能研究。这项研究是基于这样一个猜想进行的，即学习的每个方面或智能的任何其他特征原则上都可以被精确地描述，因此可以用机器来进行模拟。我们将尝试探寻如何让机器使用语言、如何形成抽象和概念、如何解决目前仅人类能解的各种问题，以及如何使机器自我提升。我们认为，如果精心挑选一组科学家共同研究一个夏天，那么这些问题中的一个或多个可以取得重大进展。[13]

这份提案首次使用了"人工智能"这个术语，同时列举了一系列关于人工智能领域需要讨论的主题，包括自动计算机、神经元网络、计算规模理论、自我改进、随机性和创造力等（表 1-1）。这些主题至今仍定义着人工智能这一领域。

表1-1　达特茅斯会议提案中所提出的七类问题

研究主题	内容描述
自动计算机	如果一台机器能够完成一项工作，那么可以通过对自动计算机进行编程来模拟这台机器
如何通过编程让计算机使用一种语言	可以推测，人类思维中的很大一部分是根据推理规则和推测规则（包含词语的句子可以互相暗指）来操纵词语。这个想法从来没有被非常精确地表述过，也没有实例
神经元网络	如何排列一组神经元来形成概念
计算规模理论	对于一个定义明确的问题，解决它的一种方法是按顺序尝试所有可能的答案。这种方法效率低下，要摒弃它，必须有计算效率的标准。而要衡量计算效率，则需要一种衡量计算设备复杂性的方法——如果有函数复杂性理论，也可以做到
自我改进	也许一台真正智能的机器会进行自我改进的活动。一些实现方案已被提出，但还值得进一步研究。似乎这个问题也可以抽象地进行研究
抽象	许多类型的"抽象"可以被清晰地定义，而其他一些类型的"抽象"则不太清晰。直接尝试对这些类型进行分类，并描述从感知和其他数据中形成抽象的机器方法，似乎是值得的
随机性和创造力	一个相当具有吸引力但尚不完整的猜想是，创造性思维与缺乏想象力的有效思维之间的区别在于注入了某种随机性。随机性必须由直觉引导才能有效。换句话说，有根据的猜测或直觉在原本有序的思维中加入了受控的随机性

　　洛克菲勒基金会中主管此事的生物与医学研究主任罗伯特·莫里森博士认为这一研究过于庞大复杂、目标不聚焦，同意出资支持 5 周有限目标的研究。在 1955 年 11 月针对提案的回信中，莫里森博士没有使用"人工智能"来描述这一提案的主旨，而是认为该提案计划使用"脑模型"（brain model）和"思维的数学模型"（mathematical models for thought）来机械式地实现人类智能。

1956年6月18日至8月17日，近30位学者齐聚达特茅斯学院，展开了持续8周的研究讨论，其中云集了麦卡锡、明斯基、香农及艾伦·纽维尔（1975年度图灵奖获得者）、赫伯特·西蒙（1975年度图灵奖获得者、1978年诺贝尔经济学奖获得者）、奥利弗·塞弗里奇（"机器感知之父"、模式识别奠基人）、亚瑟·塞缪尔［机器学习（machine learning）研究先行者、第一款棋类人工智能程序开发者］、约翰·巴克斯（Fortran编程语言发明者、1977年度图灵奖获得者）、雷·所罗门诺夫（算法概率论创始人）、威斯利·克拉克（第一台现代个人计算机发明者）等重量级人物。他们分别在信息论、逻辑和计算理论、控制论、机器学习、神经网络等领域做出过奠基性的工作。与会期间，这些学者基于各自擅长的领域，讨论着一个在当时看来十分超前的主题——用机器来模拟人类学习及人类智能的其他特征。会议虽然没有就各类问题达成普遍的共识，但是却为会议主题涉及的学科领域确立了名称——"人工智能"，并对其总体目标进行了基本明确。人工智能从此登上了历史舞台，学者们开始从学术角度对人工智能展开严肃而精专的研究。

（二）前史

关于达特茅斯会议确立的"人工智能"这个术语，麦卡锡承认"当时没有人真正喜欢这个名字——毕竟，我们的目标是'真正的'智能，而非'人工的'智能。"[①]"真正的"智能到底是什么？这毫无疑问很难定义，但大家会自然而然地认同人类是真正智能的，这种智能广泛、深刻而微妙，贯穿了思想、认知、意识、情感、语言、

---

① 梅拉妮·米歇尔. AI 3.0. 王飞跃，李玉珂，王晓，等译. 成都：四川科学技术出版社，2021：20.

逻辑、艺术、社交等不同维度。那么，人工智能又是什么？谈及这个话题，就不免会引出"人工智能是在模拟思考，还是在真正地思考？"这个问题。

时间回溯到 1950 年，图灵在哲学期刊《心灵》(*Mind*) 发表了论文《计算机器与智能》(*Computing Machinery and Intelligence*)。他在文中认为，探讨"机器会思考吗？"这个问题的意义不大。图灵的疑问在于"思考"一词。"思考"究竟是什么呢？我们又如何判断"思考"正在进行呢？这些问题的定义不明确，因此不值得讨论。取而代之的是，图灵提出了一种判定机器是否具有智能的方法，即著名的图灵测试（图 1-20）。在图灵测试中，测试实施者（人类）与两名被测试者（一个人和一台机器）物理隔开，测试实施者无法通过视觉或听觉线索判断被测试者的身份，只能通过打字发送信息进行交流并向被测试者随意提问。如果一台机器能够与人类测试实施者展开对话而没有被辨认出其机器身份，那么这台机器就是智能的。图灵的核心观点是：如果一台机器表现得足够像人类，以至于难以分辨，那么认为它是在真正的思考又有何妨呢？

关于图灵测试，图灵并没有针对一些重要因素设定具体约束条件，如测试实施者和被测试者的选择标准、测试的持续时间等，但

图 1-20 图灵测试示意图

他在论文中做过一个预测：在 50 年左右的时间内，机器能够在 5 分钟的对话交流之后，让 30% 的测试实施者无法辨识出其机器身份。1991 年，随着"勒布纳奖"的设立，图灵测试成为一年一度的竞赛。第一台通过图灵测试的机器的设计者可获得十万美元的奖金和一块金牌，但一直无人能够获此殊荣。人工智能乐观主义学派的领头人雷·库兹韦尔[①]预言"2029 年，计算机将通过图灵测试"，为此还与质疑者莲花（Lotus）公司创始人米切尔·卡普尔设立了赌约，预言的拥趸者和怀疑者正拭目以待。

图灵关于机器是否会"思考"的认识及图灵测试，在当时不可避免地引发了诸多学者的质疑和异议。图灵对此进行了反驳。这些辩论涉及领域宽广、激烈而有趣，成为当时学术思辨的一道风景。有一点毋庸置疑，那就是图灵作为第一个严肃讨论人工智能标准的学者，被称为"人工智能之父"当之无愧。

计算机科学和人工智能之父——图灵

1936 年，图灵发表了一篇具有划时代意义的论文《论可计算数及其在判定问题上的应用》，首次提出了"图灵机"的概念。图灵机以极具天赋的抽象性，模拟了人类使用纸和笔进行数学运算的过程，将复杂计算还原为简洁而基本的机械操作。图灵机的巨大历史意义在于，它从理论上证明了研制通用计算机的可行性。

1940 年，图灵开始思考机器能否具备类人的智能，并敏锐地意识到问题的关键不在于机器本身，而在于人类如何看待智能。1950 年，图灵发表论文《计算机器与智能》，首次提出了人工智能的评价标准，

---

① 本书中提到的库兹韦尔均为此人。

即著名的图灵测试。

在第二次世界大战期间，图灵到英国政府编码与密码学院（Government Code and Cypher School）任职，领导破译小组设计实现了"图灵炸弹"（Turing Bombe）密码破译机，并成功破译了德军传奇的"恩尼格玛"（Enigma）密码机，为盟军胜利做出了卓越贡献。2015 年，基于图灵这段经历改编的好莱坞大片《模仿游戏》（*The Imitation Game*）上映，在大荧幕上再现了图灵的传奇人生。

1954 年，图灵的人生以悲剧落幕，自杀卒于家中。为纪念图灵的伟大贡献，美国计算机学会于 1966 年设立了图灵奖，表彰在计算机科学领域做出突出贡献的科学家。这个奖项的含金量极高，被誉为计算机界的诺贝尔奖。2019 年，英格兰银行宣布图灵的肖像将登上英国新版 50 英镑纸币。纸币上还印了图灵 1949 年接受《泰晤士报》（*The Times*）采访时曾经说过的一句话："这只是将来之事的前奏，也是未来之事的影子。"

三、长路：理想与现实的距离

自 1956 年达特茅斯会议正式确立人工智能研究领域，至今已走过 60 多个年头。在这 60 多年里，人工智能的发展跌宕起伏、潮起潮落，经历了数次高潮和低谷，与之对应的是从业者的狂热与落寞。人工智能的发展似乎陷入了一种循环：先是取得可喜的进展、掀起火热的浪潮，紧接着是过于乐观的预期、大量的投入和炒作的泡沫，再接下来就是冰冷的寒冬——浪潮与寒冬大致以 10 年为周期轮回上演（图 1-21）。在经历数次"火"与"冰"的洗礼之后，从业者逐渐清醒和谨慎。在达特茅斯会议 50 年后，麦卡锡总结道："我们

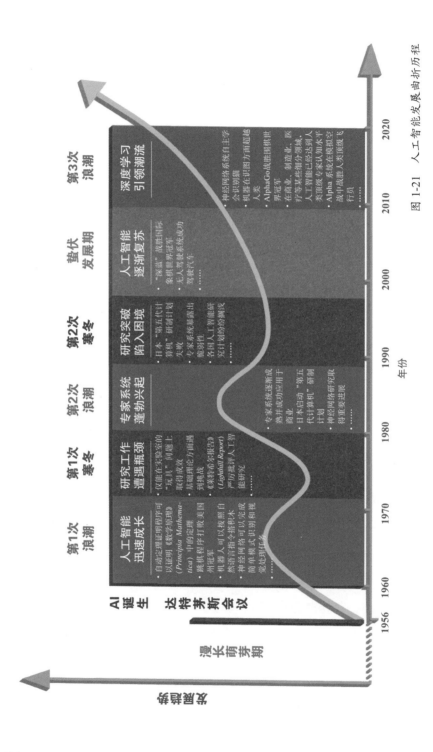

图 1-21 人工智能发展曲折历程

没有实现宏大希望的真实原因是，人工智能比我们想象的要难。"[14]
明斯基指出，"事实上对人工智能的研究揭示了一个悖论：'看似容
易的事情其实都很难。'"①

（一）曲折之路

　　达特茅斯会议推动了第一次人工智能浪潮的出现。20 世纪 60
年代到 70 年代初，人工智能领域在机器定理证明、棋类博弈、机
器翻译、模式识别、知识表示与推理等方面均取得重要进展：自动
定理证明程序可以证明《数学原理》中的定理；跳棋程序已经可以
打败美国的州跳棋冠军；机器人可以按照人类的自然语言指令将积
木搭成新的结构……人们发现机器已经能做一些需要人类智能才能
完成的事情，科学家为此激动不已。麦卡锡、西蒙和明斯基相继发
出豪言壮语"在 10 年内打造一台完全智能的机器"[15]"在 20 年内，
机器能够完成人类能做的任何工作"[16]"我深信，在一代人之内……
关于创造'人工智能'的问题将得到实质性解决"[17]。这一时期，美
国的麻省理工学院、斯坦福大学、卡内基梅隆大学及英国的爱丁堡
大学等成为人工智能研究的前沿阵地。

　　然而，困难很快开始出现，许多研究遭遇了瓶颈，预期的目标
也自然无法兑现。人们普遍认为，人工智能仅能在实验室预设范围
的"玩具"问题上取得成效，稍微超出范围就无法应对。这里主要
存在两方面的局限：一方面是当时人工智能在基础理论方面遇到了
重要的挑战，如明斯基证明了单层神经网络不能表达最简单和常用
的异或函数；另一方面是很多算法的计算复杂度呈指数增长，以当

---

① 梅拉妮·米歇尔. AI 3.0. 王飞跃，李玉珂，王晓，等译. 成都：四川科学技术
出版社，2021：36.

时的计算能力是无法支撑实现的。1973 年，受英国科学研究理事会委托，著名数学家詹姆斯·莱特希尔向英国政府提交了一份研究报告（后称为《莱特希尔报告》）。这份报告严厉批评了人工智能领域的诸多研究，尖锐地指出人工智能那些看上去宏伟的目标根本无法实现。报告发布后，英国政府对人工智能领域的研究资助骤减。这一举措引发的浪潮波及了整个欧洲和美国。各国政府和机构纷纷效仿，停止或减少了对人工智能领域研究的资金投入，曾经火热的人工智能突然跌下神坛，进入了第一次寒冬。华盛顿大学的《人工智能历史》（*The History of Artificial Intelligence*）记载道："在人工智能的寒冬中，人工智能研究必须以不同的名称伪装自己才能继续获得资金。"[18]

进入 20 世纪 80 年代，人工智能终于熬过了第一次寒冬，迎来了第二次浪潮。这次浪潮的掀起与专家系统的发展有很大关系。专家系统是一类通过提取人类专家的专业知识并运用知识及推理技术求解问题的计算机程序系统。早期的工作可以追溯至 1968 年爱德华·费根鲍姆研制的 DENDRAL。该系统可以根据质谱仪输出的数据分析推断物质的化学分子结构。80 年代初，专家系统逐渐成熟并成功应用于商业，比较典型的案例是卡内基梅隆大学为美国数字设备公司（DEC）研发的专家系统 XCON。该系统可以根据客户订购 VAX 计算机的需求自动配置零部件，先后处理了大约 8 万个订单，为 DEC 公司节省了大量经费。专家系统的成功使得人工智能重新回到前台，各国政府和机构重新开启了对人工智能研究的大规模资助。其中，日本于 1982 年启动了为期 10 年的"第五代计算机"研制计划。"第五代计算机"研制计划的目标是将传统的计算机技术和人工智能结合为一体，不仅可以进行各种运算，而且可以将人类的知识表示成规则，然后通过这些规则的自动推理来解决问题，最后以自然语言、图像、声音等方式和人类交流，因此也被称为"智能计算机"。受日本影响，美国、英国和苏联等也启动了类似的计划。但随着研究工作的推进，相关计划又陷入了似曾相识的困境——取得初期的进展相对容易，但要获得突破却越来越困难。第五代计算机最终没能证明它可以完成传统计算机不能完成的工作。因此，到了20世纪80年代后期，随着日本第五代计算机的逐步衰落和幻灭，各国雄心勃勃的人工智能研究计划纷纷搁浅，对人工智能的研究资助被大幅削减，人工智能不可避免地进入第二次寒冬。

DARPA 对早期人工智能研究的支持

美国国防部的国防高级研究计划局（Defense Advanced Research Projects Agency，DARPA）的前身为高级研究计划局（Advanced Research Projects Agency，ARPA）。它成立于 1958 年，负责研发军事用途的高新科技。20 世纪 60 年代初，人工智能的研究引起了 DARPA 的关注。1963 年，麻省理工学院从 DARPA 获得 220 万美元拨款，用于资助开展多路存取计算机和机器辅助识别（Multiple Access Computer and Machine Aided Cognition，MAC）项目研究。该项目包含了麦卡锡和明斯基创建的人工智能实验室项目。此项资助后来追加至每年 300 万美元，一直持续到 70 年代中期。DARPA 还向纽维尔和西蒙在卡内基梅隆大学的人工智能项目等提供了资助。在早期的人工智能领域，DARPA 不仅支持基础研究，而且支持应用研究，如知识表达、自然语言结构及专家系统、自动编程、自动语音识别、机器人、计算机视觉等，推动了人工智能技术的发展与应用。1963 年以来，DARPA 一直站在人工智能研究的前沿，美国早期人工智能的发展在很大程度上得益于 DARPA 的支持。

20世纪90年代后期，随着互联网的发展、计算机性能的提升，人工智能出现了复苏的迹象。标志性的事件就是1997年IBM公司研发的计算机"深蓝"（Deep Blue，系统设计师为来自中国台湾的许峰雄）经过6局比赛战胜了国际象棋世界冠军加里·卡斯帕罗夫。第五局比赛后，卡斯帕罗夫非常沮丧地说道："我是人类，当看到超出自己理解范围的东西时，我感到很恐惧。"机器的力量再次展现在公众面前。2005年，在DARPA组织的无人驾驶挑战赛中，来自斯坦福大学等的4个参赛团队研制的无人驾驶系统在路况恶劣的沙漠赛道上成功驾驶汽车自动行驶了200多公里，成为自动驾驶汽车领域的一个里程碑事件，引发了传统汽车产业的"智能化"变革。

随着时间进入2010年，人工智能在蛰伏相当长的一段时期后终于开始爆发，迎来了第三次浪潮。这次浪潮在很大程度上归功于一种强大的机器学习技术——深度学习（deep learning）。它能够使机器智能从经验、数据和训练中获得提升。深度学习的研究历史悠久，其发展就像其他的人工智能技术一样经历了坎坷，但随着大数据技术的发展和计算能力的与日俱增，深度学习终于从一种只有专家才可以使用的技艺蜕变为一种强大的实用性和普及性技术。2012年，美国谷歌公司构建的神经网络系统在无外界指令的自发条件下，自主学会了识别猫的面孔。有专家为此评论道：机器能够从1000万张图片中领悟到什么是猫，那么假以时日，随着技术的发展，机器终将拥有自主的意识，那时能够阻挡机器的可能只有它自己了。2017年，在一年一度的ImageNet大规模视觉识别挑战赛上，获胜算法的准确率已从2010年的71.8%提高到97.3%[①]，机器在识

---

① 数据来源：MIT科技评论.把"恐龙化石"变成"石油"，李飞飞和ImageNet花了8年时间.https://www.mittrchina.com/news/detail/21[2023-04-02].

图方面的表现已超越人类。2016 年，谷歌公司旗下的 DeepMind 公司研发的人工智能系统 AlphaGo 战胜围棋世界冠军李世石，美国辛辛那提大学研发的人工智能系统 Alpha 在模拟空战中操控第三代战斗机战胜人类驾驶的第四代战斗机。同一时期，在制造业、医疗等的某些特定细分领域，人工智能已经达到人类顶级专家的认知水平；在新闻自动发掘与稿件撰写、视频游戏、围棋对抗等诸多原本需要依靠人类经验直觉的领域，人工智能也开始达到或反超人类水平，甚至具备类似人类"举一反三"的小样本概念学习的能力。[19]人工智能在走过六十多年发展历程、历经浮沉和曲折之后，进入了一个高速增长期，成为一项公认的最有可能改变未来世界的颠覆性技术。

（二）路线之争

在 1956 年的达特茅斯会议上，来自不同研究领域的与会者对于开发人工智能的正确方法持有不同意见，这些分歧源于不同学科背景的学者对人工智能的理解各不相同。伴随着人工智能六十多年的发展历史，这些分歧逐渐演化发展为人工智能领域的符号主义、连接主义和行为主义三大学术流派，各自形成了一套方法学。其中，符号主义流派认为，人类认知和思维的基本单元是符号，而认知过程就是对符号的逻辑运算，因此提倡将数学逻辑和演绎推理作为理性思维的语言，用符号表达的方式研究智能，标志性的成果包括专家系统等；连接主义流派认为，人类的认知和思维过程是大量神经元的连接活动过程，而不是符号运算过程，因此提倡从神经科学中汲取灵感，通过模拟构造大脑中的神经网络来研究智能，标志性的成果包括人工神经网络（artificial neural network）等；行为主义流派另辟蹊径，认为人工智能源于控制论，因此提倡把神经系统的工作原理和信息理论、控制理论、逻辑及计算机联系起来，通过模拟人在控制过程中的智能行为和作用来研究智能，标志性的成果包括反应型多足机器人等。在这三大学术流派中，符号主义流派和连接主义流派似乎有着天然互斥的"世界观"，符号主义流派自顶向下看问题、走的是功能模拟路线，而连接主义流派自底向上看问题、走的是结构模拟路线，两者之间出现了旷日持久的路线之争，这种争论有时还非常激烈。

在达特茅斯会议后，符号主义和连接主义两个流派在各自的研究领域都取得了进展，但总体上看，符号主义流派占据了人工智能研究领域的主导地位。在这一时期，连接主义流派最重要的成果是美国心理学家弗兰克·罗森布拉特发明的"感知机"（perceptron）。这个神经网络可以完成一些简单的模式识别和视觉处理任务，这在当时引起了轰动，美国国防部和海军都资助了相关研究工作。达特茅斯会议的组织者之一明斯基认为，罗森布拉特的人工神经网络方法无法解决人工智能问题。1969 年，明斯基和西摩·佩珀特合作出版了《感知机：计算几何学导论》（*Perceptrons: An Introduction to Computational Geometry*）。在书中，明斯基和佩珀特仔细分析了以感知机为基础的单层神经网络的局限性，并证明单层神经网络不能解决最简单和常用的异或逻辑问题。该书的第一版中直言："罗森布拉特的论文大多没有科学价值。"[①] "感知机的缺陷被明斯基以一种敌意的方式呈现出来，当时对罗森布拉特是个致命打击。原来的政府资助机构也逐渐停止对神经网络研究的支持。"[②] 感知机的衰落导致

---

① 尼克. 人工智能简史. 2 版. 北京：人民邮电出版社，2021：105.
② 尼克. 人工智能简史. 2 版. 北京：人民邮电出版社，2021：104.

了连接主义流派的式微，这种状况一直持续了将近二十年。

到了 20 世纪 80 年代，美国物理学家约翰·霍普菲尔德提出并实现了一种新的具有反馈机制的神经网络模型，重新激发了人们对神经网络的研究热情。随着反向传播学习算法证明三层神经网络能够解决异或逻辑问题，以及增强学习、玻尔兹曼机、多层前馈神经网络等研究成果的出现，连接主义流派逐渐开始复苏。同一时期，凭借专家系统的成功应用，符号主义流派仍牢牢占据主导地位，但是到了 80 年代后期，专家系统逐渐暴露出自身的局限性和脆弱性，在处理较复杂问题尤其是面对新情况时很容易出错，其主要原因在于"编写规则的人类专家实际上或多或少依赖于潜意识中的知识（常识）以便明智地行动"①，而专家系统显然缺乏这种常识。符号主义流派面临着常识问题的困扰及不确知事物的知识表示和问题求解等难题，因此受到连接主义流派的批评和否定。随着专家系统的衰落，符号主义流派在占据了人工智能研究领域近 30 年的主导地位后日渐式微。

进入 21 世纪后，得益于深度学习的高速发展和成功应用，连接主义流派实现了华丽转身，如今牢牢占据人工智能研究领域的主导地位，但连接主义流派仍然面临难以解决的问题：科学家虽然在模拟大脑构造神经网络模型方面取得了重要进展，但是却不清楚这些神经网络究竟是如何工作的，毕竟大脑是一个异常复杂的组织，目前人类对大脑结构和其活动机制的了解只是冰山一角。因此，连接主义流派即便取得了巨大的成功，却始终难以阻挡来自符号主义流派的批判，其中比较有趣的是将人工神经网络比作"炼金术"，其

① 梅拉妮·米歇尔. AI 3.0. 王飞跃，李玉珂，王晓，等译. 成都：四川科学技术出版社，2021：43.

核心思想是理论缺失，所有工作都在做但不知道是如何工作的，只知道初始条件、参数，但并不能用一种形式科学，即人们能理解的形式，将它表示出来。此类批评引发了学术界的普遍关注。在一次人工智能讨论会上，主持人向深度学习的先驱、图灵奖获得者杰弗里·辛顿提问道："我们按照这种方法制造的 AI 有一个副作用，它是不能逆向工程分解的。我们将在这种技术上面全速前进……那么是否我们就面临着一个问题：为了试图去理解我们建造的东西，你就得知道他们内部到底是如何工作的？"[①] 这个问题代表了许多心存疑虑的学者的心声。对于建立在形式科学基石之上、使用人类可理解的逻辑推理来解决问题的符号主义流派来说，这更是其内心难以逾越的科学之问，同时也是批评和否定连接主义人工智能方法的根源所在。辛顿在 2017 年发表演讲时谈道："50 多年来，人工智能的两个愿景之间发生了争执……神经网络方法被大多数人工智能研究者认为是一种荒谬的幻想。"[②] 在看似云淡风轻的描述中，蕴含着两条路线之间波涛汹涌、漫长而激烈的争论。

时光回溯至 1955 年，在美国西部计算机联合大会的学习机分组讨论会上，塞弗里奇和纽维尔分别代表两种观点进行了发言，讨论会的主持人、神经网络的奠基人之一沃尔特·皮茨在会议最后总结道："（一派人）企图模拟神经系统，而纽维尔企图模拟心智……但殊途同归。"[③] 能否实现皮茨的愿望，只能期待下一个智能变革的舞台。

---

①②　爱用建站.人工智能的两种路线之争. https://m.iyong.com/displaynews.html?id=2974470715212672[2023-03-31].

③　尼克.人工智能简史.2 版.北京：人民邮电出版社，2021：1.

（三）通用之惑

通用人工智能是达特茅斯会议的初心所在。"通用"人工智能也称"强"人工智能，是指人工智能的载体——机器最终将和人类一样具有自我意识、能够真正思考，从而拥有广泛而普适的真正智能。就像我们在科幻电影中所看到的，机器可以做人类能做的几乎所有事情并且超越人类。相对而言，"狭义"和"弱"人工智能，则是指机器不具备人类完整的认知能力，只是在模拟智能而不是拥有真正的智能，当前在一些特定领域取得的标志性成果均属于这个范畴。例如，AlphaGo 下围棋已是无敌的存在，但是干别的还不行；ChatGPT 可以流畅地回答各种问题，但是无法理解问题背后的真实意图。

关于通用人工智能，存在着深奥的历史困惑，其焦点主要是：机器作为非自然起源的物体，是否或者能否拥有思考的心智？这个问题既是哲学问题又是科学问题，激发了学者们对人类智能本质的深邃思考，相关的争论一直延续至今。最早提出这个问题的人之一是法国伟大的哲学家、数学家勒内·笛卡儿，他在 1637 年出版的《方法论》（*Discours de la méthode*）中总结道：虽然机器在有些事情上可以做得和我们一样好甚至更好，但是决不能做其他的事情，这就表明它们的行为并非来自对事物的理解，而只是一种简单的回应。笛卡儿的认识是很深刻的，他实际上表达了一种观点，即无论机器的外形和功能与人多么相近，"都不能等同于意识本身的内在状态，都不能表征人类意识的语义内容"[①]，心身之间的"鸿沟"是难以靠人工技术填平的。笛卡儿以否定的态度预言了机器难以拥有人类思

[①] 周晓亮.自我意识、心身关系、人与机器——试论笛卡尔的心灵哲学思想.自然辩证法通讯，2005，27（4）：46-52，111.

考的能力，虽然某些论据和观点如今看来具有一定的历史局限性，但他从哲学的深刻性上已然预见到关于机器思考的诸多争论要点。[20]

1950 年，图灵在论文《计算机器与智能》中就"机器能思考吗？"这个问题罗列了"来自神学的反对意见""来自数学的异议""来自意识的论断""来自种种能力限制的论断"等 9 类否定意见，并一一阐述自己的观点来进行反驳。例如，"来自神学的反对意见"认为，思考是人类不朽灵魂的一种功能，这种功能未赋予其他任何动物或机器，因此动物或者机器都不能思考。对此，图灵表示无论用神学论据来证明什么，他都不为所动，因为这样的论据在历史面前早已漏洞百出，就像在伽利略所处时代有人试图用《圣经》（*Bible*）中的阐述作为论据来驳斥哥白尼的理论一样。"来自数学的异议"认为，哥德尔不完备性定理、图灵停机问题不可判定性定理等已经证明机器作为离散状态机在能力上是有局限性的，而人类智能没有这种局限性。但图灵认为，人类也经常犯错，没有任何证据表明人类智慧就不存在这种局限性。在"来自意识的论断"中，具有代表性的是英国神经学家杰弗里·杰弗逊的论点："如果机器能够创作出一首十四行诗或者谱写出一支协奏曲，是源于思想和情感，而不是源于符号的巧然组合，只有这样，我们才会认可机器等同于大脑。也就是说，机器不仅要创作作品，而且还要意识到是它自己在创作。"[21] 这个论点是在说，只有当机器拥有自我意识时才能算是真正的思考。对此图灵认为，按照这种观点的极端形式，如果要确认一台机器能否思考，唯一的办法就是成为这台机器，并且去感受其思维活动。这实际上是唯我论者的观点，虽然符合逻辑，却易陷入困境。图灵的论文较系统地呈现了当时关于"机器能思考吗？"这个问题的争论焦点，阐明的观点也引发了广泛的讨论。

1980 年，美国加利福尼亚大学伯克利分校的哲学教授约翰·塞尔设计了"中文屋"思想实验，对机器能够进行真正思考及通用人工智能的可能性进行了驳斥。该实验的主要内容是：假设我（塞尔本人）只懂英文而不懂中文，被锁在一间屋子里，屋里给我留了用英文写的中文规则手册或一个计算机程序，手册或程序"教"我在收到中文信息时如何用中文应对。屋外的人用中文提问题，屋里的我依据手册或程序用中文回答问题，沟通的方式是递纸条。经过一段时间的学习，我可以依据手册或程序，在不懂任何中文的状态下熟练地使用中文符号回答问题。在这种情况下，对于屋外的人来说，屋里的我是不是就算懂中文？塞尔认为屋里的人只是在进行符号操作，并没有理解中文。计算机及程序也是一样，模拟心智和真正的心智之间是存在根本区别的。关于"中文屋"的思辨一直持续了几十年，包括塞尔本人的观点随着科学技术的进步也在不断更新，推动了对相关问题的深刻理解和认识。

创造具有类人智能的机器，无疑是人类最具挑战性的问题之一，也是人类最伟大的智力冒险。也许是由于历史上曾经做出过太多过于乐观的预言——往往过分夸大了成果的通用性和普适性，为此招致了众多非议，因此如今人工智能领域的主流态度在总体上保持谨慎，将研究目标主要聚焦到一些特定的细分领域，并在"狭义"人工智能方向取得了令人瞩目的成就。虽然科学家内心渴求在通用人工智能领域有所建树，但是至今仍未有重要突破。2016 年的一份研究报告①中指出："一堆狭义智能永远不会堆砌成通用人工智能。通用人工智能不在于能力的数量，而在于这些能力之间的整合。"[22]当然，人工智能领域永远不乏乐观的预言。随着第三次浪潮的到

---

① 报告的中英文名称为"什么是人工智能？"（What is Artificial Intelligence？）。

来，DeepMind 公司联合创始人谢恩·莱格、脸书（Facebook）创始人马克·扎克伯格、奇点大学创始人库兹韦尔等都预言通用人工智能的到来已为期不远，其中库兹韦尔在其所著的《奇点临近》(*The Singularity is Near: When Humans Transcend Biology*) 中大胆预言："我将奇点的时间设定为 2045 年。在那一年，人类创造的非生物智能，将比今天所有的人类智能强大 10 亿倍。"① 这在众多人工智能领域学者看来似乎是一种荒谬的乐观。对此，美国《纽约时报》(*The New York Times*) 记者莫琳·多德生动地描述了她跟人工智能领域学者吴恩达提及库兹韦尔时的情景——当我向吴恩达提及将要和库兹韦尔会谈时，他翻了个白眼并说道："每当我读到库兹韦尔的《奇点临近》时，我的眼睛就会自然地做出这种反应。"[23]

毫无疑问，关于通用人工智能的历史困惑仍将存续，围绕"人类智能的本质是什么？""机器能思考吗？"等一系列重大问题的争议也将延续。三百多年前，笛卡儿用"我思故我在"阐明了思考和存在的价值与意义。那么，只有人类的"我"能思考吗？"如果机器能思考，那它也成了'我'吗？"② 如果终有一日，当我们身边的机器也像人类一样开始思考自身的存在，那将会是什么样子？

四、前行：迈入智能时代

我们正处在一场技术洪流之中，这场技术洪流由人工智能主导，正在以前所未有的速度改变旧的秩序，正在产生极为广泛的影响。

---

① 雷·库兹韦尔.奇点临近.李庆诚，董振华，田源译.北京：机械工业出版社，2011：80.

② 刘永谋. 心灵哲学：机器也能思考. http://www.aisixiang.com/data/129091.html[2023-02-16].

人工智能几乎每天都会登上媒体头条，也频频出现在各国的政府报告和发展规划中，成千上万的人工智能初创公司应运而生，世界著名的大学纷纷设立人工智能学科，数以百万计的学生投身人工智能领域并将其作为未来职业的发展方向，全球人工智能产业的投融资金额每年高达数百亿美元并逐年大幅递增。[24] 人工智能已成为引领新一轮科技革命和产业变革的战略性、颠覆性技术及新时代经济社会的赋能利器。随着算法的革新、数据的积聚和算力的提升，人工智能展现出无限广阔的应用前景，在对经济社会、军事安全、国际政治格局等产生重大深远影响的同时，推动人类社会迈入人机协同、跨界融合、万物智联的"智能时代"。

人工智能的未来会发生什么——通用人工智能能否实现？机器是否会全面超越人类智能？机器是否会摆脱人类的控制甚至反噬人类？自底向上的连接主义与自顶向下的符号主义两条研究路线是否会半途相遇从而迸发出全新的力量？哥德尔不完备性定理、塔斯基不可定义性定理和图灵停机问题不可判定性定理所指出的局限性是否会被超越？人类用象征符号表达世界，用逻辑和推理解释世界的秩序是否会被重塑？人工智能塑造的新型思维或意识能否突破人类进化的束缚，从而获得探知隐藏在宇宙最深处知识的能力……所有这些问题要想得出答案，必须在科学上有重大突破，而这种突破是很难预测的。科学就像是一系列解谜活动，当远古的人类意识到世界绝非肉眼所见的一隅时，人类的文明便前进了一大步，在不远的未来，人工智能或许将催生出一道新的文明轨迹。

回望人类两千多年来对人工智能的追梦之旅，以及人工智能六十多年的发展历程，各种梦想、思辨、探索、曲折构成了一幅令人惊叹的历史画卷。这幅画卷萌发于文明初始纯朴而自然的想象，展现了人类至简至深的追寻。在人工智能这幅画卷里，哲学家和科学家接力前行，竭尽所有的创造力和勇气，共同探索未知的真实世界，无数次在逆境坚守中峰回路转，无数次在顺境前行中重入疑海，始终伴随着希望、争议和失望。[25] 令人惊奇的是，这幅画卷仍在徐徐展开——所有的过往皆为序章。或许，最伟大的篇章不在于过去，而在于未来。

第二章

算法：智能之舟

算法已存五千载，只是吾辈不得知。

——多隆·泽尔伯格

类比于中国古老文化体系中的"道""法""术""器",我们将人工智能算法视为人工智能之"道"的承载,是人工智能形而下的"法"和"术"。《荀子·劝学》有言"假舟楫者,非能水也,而绝江河",人工智能的思想和理论正是借由算法而大行其道的。这也是我们将其称为"智能之舟"的原因。事实上,人工智能在六十多年的发展历程中,曾经几易其"舟",从见证早期成就的符号和规则算法①,到借助统计理论的浅层机器学习算法,再到引领人工智能第三次浪潮的深度学习算法,在华丽转身的背后,既有技术的升华,又充满了智者的反思。"两岸猿声啼不住,轻舟已过万重山。"今天,人工智能技术早已浸润人类社会生活的方方面面,无处不在的算法应用使我们时刻感受到重塑秩序的伟大力量。

一、升华:由浅到深的华丽转身

在计算机科学领域中,算法(algorithm)是一个有限的、定义明确的、机器可实现的指令序列,通常用于解决一类问题或执行一类计算。众所周知,人工智能的第三次浪潮依赖于一个重要的技术因素——深度学习算法的应用。深度学习算法实际上可以归在机器学习算法的大类中,目标是对数据进行有效的表征学习。尽管深度学习算法已在多类人工智能应用中取得颠覆性成功,但是从严格意义上来说,深度学习本身却并非一种全新的技术,它的基础是 20 世纪中期提出的人工神经网络。

---

① 今天,我们一般将这类符号智能算法称为"有效的老式人工智能算法"(good old-fashioned artificial intelligence,GOFAI)。这个提法源于 1985 年出版的《人工智能:非常的想法》(*Artificial Intelligence: The Very Idea*)一书,作者是约翰·豪格兰。

（一）始自浅层

20世纪50年代，IBM公司的工程师塞缪尔在一台商用IBM 701机器上研发了一个可以学会下跳棋的算法。这个算法在当时具有划时代的意义，因为它首次使用了一些现代计算技术。例如，它使用了一种被称为"搜索树"（search tree）存储的对弈策略，可以通过不断对弈提高自身能力。1956年，塞缪尔受邀在达特茅斯会议上介绍了这项研究，第一次提出了"机器学习"这个概念，将机器学习定义为"不需要确定性编程就可以赋予机器某项技能的研究领域"，目标是构造一种像人一样具有学习能力的机器。20世纪80年代起，机器学习算法逐渐进入快速发展阶段，当前已成为人工智能领域最主流的研究方向之一。在人工智能的几类重要应用（如计算机视觉、自然语言处理、智能机器人）中，机器学习算法快速浸润，迅猛扩张，不断取代传统技术。

机器学习的崛起可以看作是人工智能发展史上的一次重要技术分野。简单地说，机器学习把人工智能的研究重心从如何表达和使用人工生成的知识转向如何学习知识。它的主要任务是实现学习行为，借此获取新的知识，并重新组织已有的推断结构，从而提升机器自身的性能。机器学习大量使用（借助）了统计理论和方法，因而常常被不加区分地称为统计学习。在机器学习中，完成特定任务的知识通常被隐含地编码为一类统计模型的参数；在很多时候，学习的过程等价于参数估计过程，求解参数的方法是优化或采样。因此，在机器学习框架下，人工智能算法有两层意义。第一层意义是学习算法，即如何进行模型选择和参数估计的算法；第二层意义是面向特定任务的应用算法，即使用学习到的参数化模型进行推断的算法。

让我们首先感性地描述一个能够在视觉上区分猫或狗图片的学

习机器案例（图 2-1），体会一下算法在其中扮演的角色。我们先假定，合理的学习机器应该有一个可以设置参数的模型；当选择了正确的参数后，这个模型可以在一定程度上正确识别猫和狗的图片。初始的时候，模型的参数是随机的（任意的）。因此，初始的学习机器就像一个懵懂无知的儿童，可能还无法从输入的图片中正确地区分猫和狗，因此需要进行学习。学习的过程可以如下开展。首先，让学习机器获得人类的经验：输入图片［样本（sample）］，针对每张图片通知学习机器是猫还是狗［监督信号（supervised signal）］。接下来，学习算法开始起作用：学习机器根据样本和监督信号不断调整模型参数的数值，最终使得模型的输出和我们已有的监督信号几乎一致；或者说，通过取得正确的模型参数，学习算法在样本和监督信号之间建立了一个正确的映射（mapping）。当这个映射建立后，如果我们把一张新的猫或狗的图片输入机器，学习机器就可以更准确地判定图片上是猫还是狗。最终，我们得到了一个可以更好地识别猫和狗的图片的应用算法。

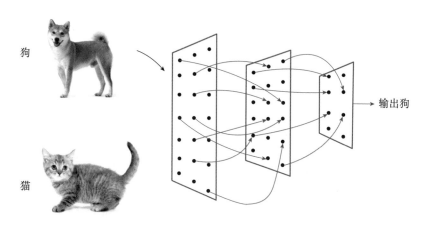

图 2-1　区分猫和狗图片的学习机器

机器学习的定义

在经典机器学习教科书中，卡内基梅隆大学计算机学院的汤姆·米切尔教授对机器学习有一个非常简洁的定义：对于一组任务 T 和性能度量方法 P，如果根据 P 的度量，一个计算机程序使用经验 E 可以提高其完成任务 T 的性能，则该计算机程序被认为可以从经验 E 中学习。[26]

常见的机器学习任务通常有以下几种：①分类（classification），即判断输入数据所属的类别；②回归（regression），即建立输入变量和一个或多个输出变量之间的映射，实现对每个给定的输入数值的输出预测；③聚类（clustering），即按照某个特定标准（如距离）把一个数据集分割成不同的类或簇；④决策（decision），即根据当前状态，决定最优行动，以期得到最好的长期回报。

机器学习的过程与人类学习的过程有类似之处。我们可以类比人类学习的过程，简单地将机器学习算法分为如下几种核心类型。

（1）根据样本榨取（exploiting）知识的算法。在大量人工智能应用中，经验可以具现为人类执行任务后得到的样本，这些样本有的已经被人类标注（labelling）了信息。例如，上例中一张图片的内容被人类标注为猫或者狗，我们称这种标注为监督信号，针对这类样本的学习称为有监督学习（supervised learning）。它和我们的课堂教学非常类似，老师要求学生回答问题，并告诉学生答案是否正确。老师给出的监督信号非常重要：一个严肃认真的老师总是能不断修正我们对事物的认识，而一个散漫马虎的老师会让我们产生错误的判断。常见的监督学习算法包括线性判别分析（linear discriminant analysis）、支持向量机（support vector machine）、推举（boosting）、神经网络（如多层感知机）等算法。有时，样本并没有监督信号，针对这类样本的学习称为无监督学习（unsupervised learning）。无监督学习试图通过相似性，找到样本中潜在的结构信息。在人类的学习中也有类似无监督学习的情况。例如，人类即使没有接受过音乐辅导，也能自然地识别出不同的音乐类型，感受到音乐带给我们的宁静、欢快、沉重、振奋等各种体验。常见的无监督学习算法有聚类算法（如 k 均值聚类）、隐变量学习和盲信号区分算法（期望最大化算法、主元分析算法、独立元分析算法等），神经网络算法（自动编码器、深度信念网络、生成对抗网络等）也在无监督学习中扮演了重要的角色。

（2）通过探索（exploring）环境获取知识的算法。此类算法源于 20 世纪 70 ～ 80 年代认知心理学中的行为主义理论及生物认知领域中的试错理论。它的特点是没有老师（监督信号）来告诉我们，对于当前输入（动作）的正确响应应该是什么。但是，在训练过程中存在着一个稳定的环境，对于每个输入（动作）都会有来自环境的反馈，其中包括了状态变化和输入回报，要求机器根据环境的历史反馈决定下一步输入。AlphaGo 中使用的深度强化学习（reinforcement learning）算法即属于这个类型，是强化学习和神经网络的结合。在人类世界中，这类以探索环境为手段、讲求"道法自然"的思想由来已久。例如，瑞士心理学家让·皮亚杰就认为心理、智力和思维既非源于先天的成熟，也非源于后天的经验，而是源于主体的动作，即动作是认识的源泉。

（3）通过"由此及彼"的拓展（extending）得到知识的算法。当人类掌握了一项技术时，通常能够更快地掌握另外一项类似的技术。例如，当我们学会了弹奏钢琴后再去学习弹奏电子琴或者手风琴，就会比从头学习的效率更高。因为钢琴、电子琴和手风琴之间有共通之处，我们相信这些共性的知识可以通过一类算法非常顺利地从一个任务迁移到另一个任务。在机器学习领域，元学习和迁移学习算法都属于这个类别。元学习算法主要解决"学习如何学习"（learning to learn）的问题，滥觞自20世纪90年代神经信息处理系统国际会议关于"学习如何学习"的一次专题讨论。迁移学习试图利用在解决一个问题时得到的知识去解决另外的相似问题，早在2005年左右就得到了美国DARPA的资助。

有了上述分类，我们可以回过头来，从建立映射的角度继续讨论算法的一些概念。显然，对于第一类算法，我们要学习的是一个从样本（输入）到正确响应信号（输出）的映射；在第二类算法中，典型的学习目标是从状态到动作的映射，通常称为策略（policy）；而在第三类算法中，我们要学习的映射更为复杂，通常先要利用已知映射和少量样本产生出更好的映射。

推导出一个既能匹配已知的输入输出，又能正确处理新样本的映射，是一个困难的逆问题。我们通常称能正确处理新样本的映射具有泛化（generalization）能力。前面我们说过，在机器学习实践中，我们通常把这个映射构建为一个参数化模型（parameterized model），为这个参数化模型找到适合参数的过程就是学习（learning）的过程，也称为训练（training）。从优化的角度看，学习的过程本质上是最小化一个特定损失函数的过程[①]。因此，在我们的阐述中，机器学习算法既包括模型，又包括优化算法。

---

① 统计上也可以采用贝叶斯学习的策略对参数的后验分布进行采样，并从采样中总结出适合的参数。

求解机器学习问题

　　大部分机器学习问题的求解路径是建立优化模型，然后对目标函数（或损失函数）进行最优化，进而训练出最好的参数。最常见的方法是著名的梯度下降法，其他方法还有牛顿法和拟牛顿法、Nesterov 加速法、共轭梯度法、割平面法等。梯度下降，顾名思义，就是沿着负梯度方向，迭代地找到目标函数最小值所在的点，如图 2-2 所示。如果计算梯度的函数是所有训练样本损失加和得到的，则称为批量（batch）梯度下降。

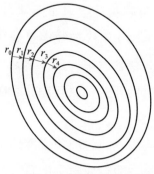

图 2-2　梯度下降示意图

　　对于规模较大（样本数量较多）的问题，批量梯度下降的计算效率较低。较常见的改进是随机（stochastic）或者小批量（mini-batch）梯度下降，即用单个（或少量）样本加和损失的梯度来估计批量梯度，适用于大规模训练样本的情况。近年来，在随机梯度下降法的基础上还出现了一些变体，如带动量（momentum）的随机梯度下降法、AdaGrad 方法和 Adam 方法等。

　　学习这样的映射通常是一个既耗费计算又亟须样本的工作。在机器学习发展的早期，人们希望输入输出信号可以用线性模型这类简单的参数化模型来匹配，从而减少计算开销和样本需求。传统的机器学习算法通常要求输入的是经过人类加工的特征（feature）信号，而不是样本的"原始"形式。这些特征来自人类的启发式（heuristics）经验，蕴含了人类的先验知识（prior knowledge）。例如，我们学习"识别一张图片的内容是猫还是狗"的映射，并不直接使用图片的像素作为输入，而是先提取一组特征（颜色、纹理、形状等），然后利用提取出的特征作为输入开展学习任务。用这些特征作为输入，只需要简单的参数化模型就可以得到不错的结果。例如，最初的人工神经网络只有一个隐藏层，因此参数的数量很少，计算开销很小。广义地说，这种使用手工特征（handcrafted feature）且参数个数较少的传统机器学习算法，被称为"浅层学习"（shallow learning）。

（二）归于深度

站在历史的高度看，从浅层学习到深度学习是人工智能的又一次重要技术分野。深度学习采用更原始形态的数据作为输入，中间蕴含了特征的学习过程，因此更准确的名称应该是"表征学习"（representation learning）或"分层学习"（hierarchical learning）。在实现层面，深度学习的参数化模型实际上是一个有多个隐藏层的神经网络。业界从形态出发，给浅层学习和深度学习赋予了一个狭义的内涵：我们通常把只有一个隐藏层的神经网络称为"浅层神经网络"，而把多于一个隐藏层（通常三个以上）的神经网络称为"深度神经网络"。

人工神经网络

神经网络的原理始自1943年心理学家沃伦·麦卡洛克和数理逻辑学家皮茨建立的McCulloch-Pitts神经元模型（M-P neuron model）。1957年，罗森布拉特研制了能够识别简单图像的感知机，将神经网络原理引入图像识别领域，引发了一场技术热潮。当时，业界的许多专家认为能够像人一样思考的智能计算机将很快问世。然而，明斯基和佩珀特在进一步的研究中表明，异或逻辑无法在单层神经网络上实现，这对于感知机技术无疑是致命的打击。不久后，该方向的研究陷入停滞。

20世纪80年代，反向传播（back propagation）算法的提出使得人们可以对多层结构进行权重估计。这样，神经网络真正可以摆脱单层结构，引入更多的隐藏层，因此也能够处理更加复杂的映射问题。在这个时期，计算机的运算能力也迅速提高，多层神经网络的计算最终成为可能。

1998年，在早期人工神经网络的基础上，法裔计算机科学家杨立昆（2018年度图灵奖获得者）等提出了有7个隐藏层的卷积神经网络（convolutional neural network）LeNet，用于手写数字识别，奏响了深度学习的序曲。现今的卷积神经网络基本框架和基本组件（卷积、池化、全连接）滥觞于此。2006年，辛顿等提出了深度置信网络的概念，引入了贪婪逐层预训练方法，提升了深度神经网络的训练效率。此后，AlexNet、VGG、ResNet等一系列深度学习模型和算法被陆续提出。

深度神经网络和浅层神经网络的比较如图2-3所示。其中，深度神经网络有3个隐藏层。随着层数的增加，神经网络的参数（连接的权值）数量也显著增加。图2-3中深度神经网络的第1层共有30个参数，包括第1层的24个权值和6个偏置；剩下的2～4层分别有42个、35个、18个参数。据说，早期深度学习借鉴了灵长类动物大脑皮层的结构，将层数设定为一个神奇的数字6，如今的深度神经网络早已突破6层，参数的数量也不断增加。到了2012年，模型参数已经可以多达6000万个，此后一些神经网络的参数数量甚至已经超过千亿个，如GPT-3模型的参数是1750亿个。2021年，英伟达（Nvidia）公司甚至推出了一个万亿级别参数的神经网络模型用来处理自然语言。这个模型达到登峰造极的地步，训练共使用了 3072 块 A100 图形处理单元（graphics processing unit，GPU），每个 A100 的售价约为 10 万元。

深度学习算法给传统的机器学习算法带来了革命性的变化：基于深度神经网络的自动化特征工程（feature engineering）将原始数据转化成表达能力更强的特征，提高了算法的预测精度。许多早期的机器学习也可以方便地适配深度神经网络，如将 SVM 算法的输入替换成深度神经网络得到的特征。2006 年，辛顿和鲁斯兰·萨拉赫丁诺夫在《科学》（Science）上发表了论文《用神经网络降低数据维度》（Reducing the Dimensionality of Data with Neural Networks）[27]，

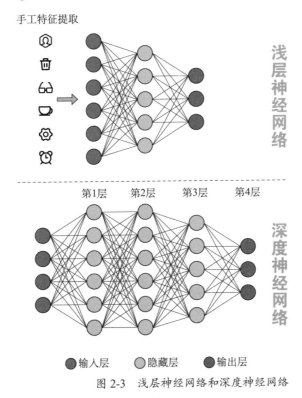

图 2-3　浅层神经网络和深度神经网络

推动了深度学习的普及。此后，大量机器学习算法不断"深度化"，算法中使用的许多映射被替换成某种类型的深度神经网络。

深度学习研究真正的爆发点出现在 2012 年。在此之前，尽管学术界已经在热议深度学习，但它在工业界仍然籍籍无名，只是"养在深闺人未识"的学术新宠。2012 年 9 月，一个称为 AlexNet 的卷积神经网络算法在 ImageNet2012 挑战赛中获胜，Top-5 错误率[①] 降至 15.3%，比第二名的算法整整低了 10.8 个百分点。AlexNet 是一种以早期 LeNet 网络为基础的深度卷积神经网络（deep convolutional neural network）。由于使用了 GPU，计算得到加速，AlexNet 呈现出算法的优势，大幅超越了其他分类方法。《经济学人》（*The Economist*）对此进行了评论："突然之间，人们开始关注（深度学习）。不仅仅是人工智能社区内部关注，整个业界都是如此。"[28]

2012 年的这场胜利被认为是锚定了一场深度学习革命，最终改变了整个人工智能行业。以互联网行业领先的谷歌公司为例，2015 年左右，公司内部对深度学习技术的研究和使用呈爆发式增长趋势，应用领域包括语音、视频、机器翻译、机器人等。对此，"谷歌大脑"项目负责人杰夫·迪恩曾提到：2016 年，公司已经有超过 200 个工作组和上千人在训练和应用各类深度模型，而在 2011～2012 年这个数字仅是十几组。

正所谓"天生丽质难自弃"。近些年来，深度学习算法已在计算机视觉、语音识别、自然语言处理和机器人等众多应用中取得了惊人的突破。在一些重要的比赛中，深度学习算法甚至接近或超越了人类的水平，其中的部分重要事件如表 2-1 所示。

---

① Top-5 错误率是指模型对每一次预测任务输出 5 个预测结果均为错误的概率。

表 2-1　接近或超越人类水平的智能算法

年份	事件
2015	在 ILSVCR 视觉识别挑战赛中，ResNet-152 算法在 Top-5 错误率指标上首次超越人类（ResNet-152 算法的 Top-5 错误率为 4.49%，人类的 Top-5 错误率为 5.10%）
2015	贝叶斯程序学习（Bayesian program learning）方法展示了学习理解概念的能力，并首次在手写字体生成上通过了视觉图灵测试
2016	DeepMind 公司的 AlphaGo 以深度学习和强化学习结合的方法在围棋领域战胜了人类
2016	微软语音识别系统在 NIST 2000 CTS 数据集上的单词错误率降至 5.90%，和人类专业速记员的错误率持平（2017 年进一步降至 5.10%，低于人类专业速记员的错误率）
2017	DeepMind 公司的 AlphaZero 采用自我学习的方法完成了棋艺提升，不再需要人类的经验
2018	谷歌公司的人工智能团队发布 BERT（bidirectional encoder representation from transformers）模型，在机器阅读理解的顶级水平测试 SQuAD1.1 中，该模型在两个衡量指标上全面超越人类
2020	人工智能非营利组织 OpenAI 推出了当时世界上规模最大的预训练语言模型 GPT-3。GPT-3 在多个自然语言处理数据集上表现出色，包括翻译、问答、文本填空及一些需要即时完成的动态推理或域适应的任务，如解读单词等。研究人员还发现，GPT-3 已在多种实际任务上接近人类水平 [1]

---

[1] 2022 年 11 月，OpenAI 推出了 GPT 语言模型家族的新成员 ChatGPT，它基于 GPT-3 的改进版本（GPT-3.5）进行了微调。与以往的模型相比，ChatGPT 实现了更高的语言处理能力，可以采用对话方式进行交互，能够对不正确的前提提出质疑、承认错误、拒绝不当请求等。然而，ChatGPT 也存在提供错误或过时信息、缺乏事实准确性等缺陷。2023 年 3 月，OpenAI 发布了更为强大的多模态模型 GPT-4，可以接受图像和文本输入，并生成文本输出。虽然在许多现实场景中 GPT-4 仍然不如人类那样具有全面能力，但在各种专业和学术基准测试中表现出了与人类相当的水平。

2019 年，加拿大蒙特利尔大学教授约书亚·本吉奥和辛顿、杨立昆被授予 2018 年度图灵奖，以表彰他们在深度学习领域的突破与贡献。从 20 世纪 80 年代起，这三位计算机科学家就致力于发展人工神经网络。尽管他们最初的努力曾经遭到过怀疑，但深度学习的思想和算法终于在大计算与大数据时代引发了革命，深度学习的方法论已成为当前人工智能算法领域的主流。

二、反思：无法回避的算法问题

深度学习算法秉承的是一种连接主义思想，本质上是一种利用经验改善性能的机器学习算法。它的主要特点是使用人工神经网络结构实现多隐藏层的表示学习，网络架构和参数隐含着求解特定任务的知识。然而，在面对林林总总的深度学习算法时，人们总有些疑惑。一方面，我们可能对"深度"的意义缺乏理解——深度学习算法为何好过浅层学习算法？另一方面，人们是否可以找到某个超级算法，能够完成现实世界的所有智能任务？此外，尽管深度学习算法在很多领域取得了巨大的进展，人们为什么仍然诟病它缺少解释性？表面上，这种解释性的缺乏仅仅是增加了模型改进的难度，实质上可能是人工智能实现方法论上的缺陷。这些都是人工智能算法发展无法回避的问题。

（一）深浅之别

让我们来简单探讨一下为什么深度学习比浅层学习有优势？我们假定，深度学习算法和浅层学习算法都采用相同的输入。事实上，如果一个浅层学习算法采用人工特征作为输入，而深度学习算法使用原始数据样本作为输入，假设不计入计算人工特征的代价，我们几乎无法判定孰优孰劣。因为，直到今天，在一些应用中，精心设计和选择的人工特征仍然具有优势。因此我们探讨的问题是：如果一个深度学习模型和浅层学习模型都采用相同的输入，会有什么差异呢？

首先，科学家已经告诉我们，参数多是一件好事。这个结论来自一个非常重要的基本定理——通用近似定理（universal approximation theorem）。这个定理刻画了神经网络这种映射的基本能力：对于任意一个定义在 n 维实数域紧子集（compact subset）上的连续函数，可以用一个具有线性输出层和至少一层隐藏层的前馈神经网络（feedforward neural network）①以任意精度逼近——只要该前馈神经网络的神经元数量足够多。抛开那些数学的名词，实际上，这个定理是说只要给予足够的参数，我们就可以通过简单的神经网络架构去拟合一些现实中非常有趣和复杂的函数。这样的拟合能力也是神经网络架构能够完成现实世界中复杂任务的原因。

通用近似定理有严格的理论证明。1989 年，伊利诺伊大学厄巴纳-香槟分校的计算机科学家乔治·西本科最早提出并证明了通用近似定理在采用某类激活函数时的特殊情况。[29]最初，这个定理被看作是这类激活函数的特殊性质。但两年后，维也纳工业大学的计算机科学家库尔特·霍尼克等研究发现，造就"通用近似"这个特性的根源并非激活函数，而是多层前馈神经网络架构本身。[30]奥斯纳布吕克大学的安东·沙费尔和西门子公司的汉斯·齐默尔曼在 2006 年证明了递归神经网络也有类似结果。[31]另外，具有合理权重的递归神经网络能够模拟任何图灵机也在 1991 年被证明。[32]

---

① 前馈神经网络（即多层感知机）是一种简单的神经网络。前馈神经网络中的每个神经元只接受前一层神经元的输出，并将输出传递给下一层。

增加参数的方法并非仅仅增加网络层数，我们也可以增加每层的节点数量，让网络加宽。然而，通用近似定理并没有明确告诉我们，为什么我们应该更偏爱深度神经网络而不是加宽的浅层神经网络。从直观上看，网络加宽只是增加了基函数①的个数，而网络加深则增加了函数嵌套的层数。因此，我们有理由猜测网络加深更适合那些信号本身具有组合和自相似特点的机器学习任务。换句话说，深度神经网络的优势在于它可以在不同的层次上学习特征的抽象表示，神经元感受野的范围会逐层增大。因此，层次更多的神经网络能够学习到更多的全局语义和更抽象的细节信息，这是浅层神经网络难以实现的。

近年来，随着理论研究的进步，人们逐步增加了对这个问题背后原因的理解。2011 年，加拿大蒙特尔尔大学的计算机科学家奥利维尔·德拉洛和本吉奥比较了深度学习与浅层学习在和积网络（sumproduct network）上的表现，证明了深度学习的优越性——存在一类多项式函数族，浅层神经网络比深度神经网络需要更多的和积单元（sumproduct unit）。[33] 2013 年，加拿大蒙特尔尔大学的计算机科学家拉兹万·帕斯卡等研究了带有线性修正单元（rectifier）的深度前馈神经网络。结果表明，使用相同数量的计算单元，深度神经网络能够将输入空间分割出比浅层神经网络更多的线性响应区域。[34] 2022 年，另一组科学家提出了一个更普适的框架，在具有 Maxout 函数、Rectifier 函数或分段线性激活函数的深度前馈网络上得到了类似的理论结果。[35]

在实践中，提升模型的学习能力也会带来其他负面影响，其中

---

① 在数学中，基函数是函数空间中特定基底的元素。函数空间中的每个连续函数可以表示为基函数的线性组合。

最重要的一个问题是过拟合（overfitting）问题。当模型能够拟合的函数更丰富时，往往会将我们不需要的数据特征甚至数据的噪声拟合出来。所以，以往的机器学习工程师们总是拒绝使用过于复杂的模型。在传统机器学习领域，人们设计了大量的专门技术来缓解过拟合问题，如决策树剪枝、神经网络提早停止、正则化等。除了这类专门的技术之外，最简单有效的方法当然是增加样本数量。在深度学习的框架下，样本和参数维持在何种比例是另一个需要深入研究的理论问题。从总体上看，数据对于深度学习具有重要意义。因此我们常说，互联网时代的海量数据是人工智能再次崛起的另一个重要因素（我们将在下一章探讨数据的价值）。

此外，一些研究表明，预训练有助于降低过拟合的风险。目前，大多数深度神经网络都需要先进行无监督的预训练，再进行有监督的训练，效果通常比从一开始就进行有监督的训练要好。

（二）天鹅之谬

另一个有趣的问题是机器学习超级算法的存在性问题。讨论这个问题就不能不提及 18 世纪中期的苏格兰哲学家大卫·休谟。休谟是苏格兰启蒙运动及西方哲学史中最重要的人物之一。当时，他提出过一个所谓的归纳问题，试图解决归纳推理是否真的能引导我们获得真正的知识的问题。机器学习超级算法的问题和归纳问题有千丝万缕的联系。

休谟所论及的归纳推理是人类进行推理的一种主要形式：人们根据过去的观察得出关于世界的结论。这个推理过程和机器学习十分类似。但是，这个过程存在一个有趣的理论：如果神经网络看到的所有图像上的天鹅都是白色的，那么它很可能会自然地得出一个结论——天鹅都是白色的。事实上，欧洲人在到达澳大利亚之前也一直认为天鹅都是白色的。当他们在澳大利亚见到第一只黑天鹅后，这个维持了若干世纪的结论才被彻底推翻——原来天鹅不只有白色的，还有黑色的。这就是著名的"黑天鹅理论"。休谟使用这个逻辑来强调归纳推理的局限性——我们不能将关于一组特定观察的结论应用到一组更一般的观察上。他说："不可能有任何论证来证明，我们所没有经历过的事例和我们所经历过的事例相似。"[36]

在机器学习的背景下，黑天鹅理论可以这样解读：每个机器学习算法都会对机器学习问题的特征和目标变量之间的关系做出假设。这些假设通常被称为先验假设。机器学习算法在任何给定问题上的性能取决于算法的假设与问题现实的吻合程度。一个算法可能在一个问题上表现得非常好，但是我们没有理由相信它在其他问题上也能表现得一样好，因为同样的假设也许不起作用。这个对于机器学习的认识源于美国数学家戴维·沃尔珀特在 1996 年发表的一篇论文——《学习算法之间缺乏先验区别》(*The Lack of a Priori Distinctions between Learning Algorithms*)。[37] 这篇论文从休谟的归纳推理分析中引出了一个"没有免费午餐"(no free lunch)定理，用于评价有监督机器学习的算法。这个定理告诉我们，人们选择任何算法时所做的限制性假设就像是午餐的价格。任何算法都有限制性假设，就像任何午餐都有价格。如果没有了限制性假设，我们可以证明这两个算法的平均性能是相同的。正是这些限制性假设，使得某种算法在一些问题上表现得更好，同时在其他问题上可能根本无法胜任。

一个来自机器学习领域的简单结论是：任何一个模型的误差都有两个来源——偏差(bias)和方差(variance)。模型偏差是由先验假设导致的，这些假设会使模型和真实的映射关系之间存在较大差距，模型越简单偏差越大。模型的方差是模型对训练数据变化敏感性的度量，模型越复杂方差越大。高偏差模型往往导致欠拟合，而高方差模型往往容易导致过拟合。也就是说，高偏差模型无法正确拟合训练数据；而高方差模型与训练数据拟合得太好了，以至于"死记硬背"了数据，无法将模型推广到现实世界产生的新数据。给定问题的最佳模型一般是在两者之间找到平衡，即使得总误差最小，如图 2-4 中的虚线所示。这个模型选择的原理同样也适用于深度神经网络。

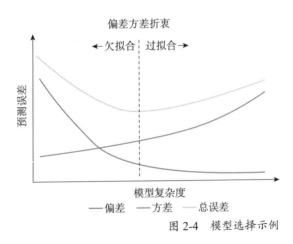

图 2-4　模型选择示例

因此，我们可以说不存在一种超级算法可以比其他算法更好地解决所有机器学习问题。算法模型的好坏取决于创建它们时使用的假设（先验）及用于训练它们的数据（证据）。换言之，就是先验、证据和模型一起决定了一个算法在特定问题上的性能。

（三）思想之辩

机器学习算法领域更深层次的问题是：深度学习算法可以支撑

心智计算的要求吗？追求心智计算，本质上是相信可以用计算机来构造具有思想意识的智能体，可以显式地进行知识处理；而当前的深度学习算法不过是现象和知识之间的映射，其本质是一个模拟的过程。认知科学家和人工智能学者们到底怎么理解这件事情？让我们来简单回顾一下。

历史上，心智计算理论（computational theory of mind）在认知科学和人工智能领域曾经占据了主流地位，其核心是认为人脑或者心智是一个计算系统，思考则是在心智中的符号操作。"人的思考和行动是基于常识的，由信念或愿望驱动。信念是对事实的描述，愿望是对目标的描述，常识是对世界的描述，而这些描述是通过内心的语言进行的，称为'心智语言'（mentalese）。也就是说，心智中的符号操作基于心智语言。"① 认知科学家经常讲述这样一个有趣的现象：当一个人听完别人讲的一段话后，一般无法完整地复述原话，但是可以把原话的大致内容讲述出来。认知科学家杰里·福多等认为，人的思考是一种实质的计算，并且在自然语言中存在一种对应的心智表征。[38] 当一个人理解自然语言时，他会把自然语言转化成心智语言。对心智计算理论的早期批评来自哲学家塞尔。在他被称为"中文屋"的思想实验中，塞尔试图驳斥智能体具有意向性和理解力的说法，也不认为这些系统足以用于研究人的心智。此后，英国数学家和物理学家罗杰·彭罗斯在《数学智能》（*Mathematical Intelligence*）中提出了一种观点：人类大脑并非使用一种众所周知的算法来发现和理解复杂的数学问题。[39] 这意味着，普通的图灵完备计算机将无法确定人类大脑可以确定的某些数学真理。

---

① 李航. 智能与计算. https://baijiahao.baidu.com/s?id=1623246916720220587&wfr=spider&for=pc[2023-05-20].

深度学习在实践中遵循认知计算理论（computational theory of cognition），只关注认知的模拟，绕过了心智计算的难题。这个理论源自麦卡洛克和皮茨，认为神经计算可以解释认知的功能。通常，认知计算理论被看作是心灵的计算理论的一个子集。心智计算理论断言，不仅是认知，包括现象意识或感受质（qualia），都是计算性的；而认知计算理论认为思想的某些方面可能是非计算性的，人工神经网络充其量是在模拟认知功能。认知计算理论为理解神经网络提供了一个重要的解释框架。更重要的是，它避开了智能体是否有意向性和理解力的争议。因此，非常遗憾，当前的深度学习实践确实和支撑心智计算的目标相去甚远。

近二十年来逐渐兴起的具身认知（embodied cognition）理论试图部分地弥合不同智能实现路径的差异。脑科学家安东尼奥·达马西奥等认为，思考是对神经表征（neural representation）的操作，这种操作在下意识中进行，并且能够在意识中产生表象（mental image）。表征是神经活动的状态，表象是意识对事物形象的认知。例如，当提到"苹果"时，我们会在脑海中联想到苹果的样子，甚至联想到苹果公司的商标，这都属于视觉表象的范畴。具身认知理论中的"具身模拟假说"（embodied simulation hypothesis）认为，人的语言理解在心智中进行，是基于过往看、听、闻、触等体验的模拟。在进行语言理解时，随着联想到相关图像、声音、气味、体感等，人脑对应的视觉、听觉、嗅觉、运动等功能区域会变得活跃，通过唤起脑海中过往体验的记忆，在心智中生成语言所描述的实质内容。尽管具身认知理论实质上也没有回答心智计算的问题，但是其将神经表征的隐式知识和符号表征的显式知识联系在一起，或许会对未来智能算法的发展起到积极的指引作用。

三、奇点：新的算法系统

当人们把人工智能和人类智能作比较时，不免会问：智能算法的技术奇点会来临吗？"技术奇点"（technological singularity）这个未来学家喜欢讨论的词汇是指一个特殊的临界点，在这个点上，技术发生了质变，从而对人类社会造成巨大的冲击。从算法的角度来看，当前人工智能的理论和实践，都无法实现类人的意识、直觉、知识等智能的一般特征，也无法构造出可以学会人的一切的智能机器。因此，严肃地说，目前还没有技术奇点到来的迹象。

事实上，主流人工智能研究领域从未正面认可所谓的技术奇点及后来的奇点理论。杨立昆被问到奇点问题时曾经这样说："我们不喜欢不切实际的大肆宣扬，因为这是由那些不诚实或者自欺欺人的人干出来的，会让那些严谨诚实的科学家的工作变得更难。"[40] 在杨立昆眼中，奇点理论的提出者库兹韦尔是一个典型的未来学家，尽管他对未来持有某些实证主义的预测，但是对人工智能并没有丝毫贡献。比起社会民众对人工智能将过于强大的担忧，不少学者的担忧恰恰相反，认为目前人工智能的发展仍处于十分初级的阶段，与真正的智能相去甚远。对于科学家来说，无论是从科学理论还是从方法技术上，人工智能的研究仍然任重而道远。至于机器人能否消灭人类，我们不妨引用卡内基梅隆大学人类计算机交互研究所贾斯丁·卡塞尔教授的一句话："站在那儿等 40 分钟，机器人就没电了。"[41]

对更好的人工智能算法的研究始终在进行着，如符号计算和深度学习的融合算法。深度学习尽管取得了表征上的成功，但是却无法完成心智计算中的符号操作。然而，主流学界并没有回归符号计算研究的趋势。在 2020 年神经信息处理大会的演讲中，本吉奥强调自己没有重新回归符号计算的研究计划，相反提出了一个新的想法——从算法系统 1 跨越到算法系统 2。本吉奥关于"算法系统 1"和"算法系统 2"的概念很可能受到了心理学中双重过程理论的启发。双重过程理论假定大脑中有两个认知系统，两者是通过进化发展起来的，通常被称为"隐式系统"和"显式系统"，或者更中性的"系统 1"和"系统 2"。心理学的一个结论是，系统 1 在那些搜集了大量数据的领域更准确，这些数据包含了可靠的反馈，系统 1 是一个敏捷的直觉系统；系统 2 在进化上是较新的，特定于人类，也被称为显式系统、基于规则的系统、理性系统或分析系统。系统 2 执行更缓慢和顺序的思维，是领域通用、容量有限、较为慢速的系统。

在本吉奥的描述中，算法系统 1 就是今天的深度学习，复制了自然智能中的一个基本组成部分，但是存在很大的局限性。本吉奥认为，目前机器的学习方式非常狭窄，因此相比于人类，它们在学习任务时需要更多的样本。例如，一个被训练玩棋类游戏的人工智能系统无法做任何其他事情，甚至不能玩另一个略有不同的游戏。此外，在大多数情况下，深度学习算法需要数百万个样本来学习任务。一个有趣的例子是 OpenAI 的刀塔（Dota）游戏神经网络。它需要 45 000 年的游戏经验才能打败世界冠军，这比任何一个人（或十个人、百个人）一辈子玩游戏的时间还要长。另一个例子是艾伦人工智能研究所开发的人工智能系统 Aristo。它需要 300 吉字节的科学文章和知识图表，才能回答八年级①水平的多项选择科学问题。本吉奥评论说，当前的深度学习系统"会犯愚蠢的错误"并且"对分布的变化不是很鲁棒"。例如，人工智能领域目前在关心一个所谓的对抗样本问题。对抗样本是带来数据扰动的样本，这些扰动导致

---

① 美国学制的七年级、八年级为初中阶段。

人工智能系统产生非常离谱的错误结果，目前的神经网络很容易受到对抗样本的影响。[42]

本吉奥这样解释算法系统 1 和算法系统 2 的差异："想象一下，如果你在一个熟悉的地方开车。你通常可以下意识地利用自己已经见过数百次的视觉线索来导航，不需要听从指引，甚至可以一边和乘客交谈一边驾驶。但是当你到了一个陌生的地方，不认识街道，也不熟悉景观，那么你必须更多地关注街道标识、使用地图并借助其他指引来找到自己的目的地。"后一种情况正是算法系统 2 的用武之地，它可以帮助人类将以前获得的知识和经验推广到新的环境中。[42]

算法系统 2 具有以下技术要素。[42]

（1）世界模型：人工智能系统需要发现并处理数据和环境中的高级表示。本吉奥说："我们希望机器能够理解世界，能够建立良好的世界模型，能够理解因果关系，能够在世界中行动以获取知识。"

（2）适应性：智能系统应当能够泛化到不同的数据分布上，正如儿童随着身体及周边环境的变化学会自我适应一样。本吉奥说："我们需要能够处理这些变化并进行持续学习、终生学习等的系统。"

（3）注意力机制：目前的注意力机制（attention mechanism）基于向量运算，数据由定义其特征的数值型数组表示。下一步要让神经网络能够基于键值对（key-value pair）来实现注意力机制。

（4）因果推断：为了促进因果结构的学习，学习器应当尝试推断出干预是什么，以及对哪个变量进行了改变。

本吉奥给我们描绘的人工智能技术前景非常美好。杨立昆曾经这样说："一线的人工智能研究者需要达到一种微妙的平衡：对于你能取得的成就要保持乐观，但也不能过分夸大。"[40] 我们应当对目前的人工智能技术有清醒的认识，同时也不妨借用未来学家的想象力。相信在未来的某一刻，智能技术会从算法系统 1 跨越到算法系统 2，人工智能可以媲美人类智能，甚至可以相互融合，从而推动人类各项科学技术的指数式增长，达到一个人们无法想象的高峰，以至于重塑秩序，重新定义我们的世界。

技术奇点

"技术奇点"这个词的首创者是美国科幻作家弗诺·文奇，他在1982 年的美国人工智能协会年会上阐述了这个概念。文奇在 1993 年发表的论文《技术奇点即将来临：后人类时代生存指南》(*The Coming Technological Singularity: How to Survive in the Post-Human Era*) 中写道："在 30 年内，我们将有实现超级人工智能的技术手段。在这之后，人类时代将会结束。"[43] 库兹韦尔在 2005 年出版的《奇点临近》一书中，把技术奇点进一步转述为奇点理论：2045 年将出现奇点时刻，这一年将成为极具深刻性和分裂性的转变时间，非生物智能将远超人类智慧。库兹韦尔预测："我们的智能会逐渐非生物化，其智能程度将远远高于今天的智能——一个新的文明正在冉冉升起，它将使我们超越人类的生物极限，大大加强我们的创造力，在这个新的世界中，人类与机器、现实与虚拟的区别将变得模糊。"①

---

① 雷·库兹韦尔.奇点临近.李庆诚，董振华，田源，译.北京：机械工业出版社，2011：Ⅲ.

四、悬剑：算法战的阴霾

算法在军事领域的应用十分广泛，一直发挥着关键赋能作用。20 世纪 70 年代的"鱼叉"反舰导弹可以在非常低的高度以亚音速精确飞行几分钟，能够自动操作弹载雷达、分析雷达图像、确定舰艇目标，然后以复杂的弹道机动飞行进行末段攻击。"鱼叉"反舰导弹搭载的是可编程的机器，可以分析结构化数据，使用精心设计的程序，并采取预定义的操作来完成严格指定的任务。这类系统使用的是传统算法，对于给定的输入，其输出总是相同的，主要用于可以精确求解的确定性问题。它们可能非常强大，但本质上不够灵活。

随着人工智能算法进入"寒武纪"，深度学习、强化学习、迁移学习等新型学习算法的出现，为解决战争中的不确定性、复杂性、非线性难题提供了新的利器。在第三次"抵消战略"背景下，美军高度重视人工智能算法研究与应用。2017 年 4 月 26 日，时任美国国防部副部长的罗伯特·沃克签发了关于"专家项目"（Project Maven）的备忘录，宣布由国防部情报和作战支援主管杰克·沙纳汉 [①] 中将领导的"算法战跨职能小组"（Algorithmic Warfare Cross Functional Team，AWCFT）成立，由此拉开了"算法战"的序幕。

三次抵消战略

历史上，美国国防部先后三次制定了"抵消战略"。20 世纪 50 年代朝鲜战争之后，美国面临前所未有的财政危机，而当时苏联的常规军事力量非常强大。为了维持均衡，艾森豪威尔提出用核武器抵消苏

---

① 本书中提到的沙纳汉均为此人。

联的常规军事力量。该战略被称为第一次抵消战略。20 世纪 70 年代，第二次抵消战略问世，目的是在核均衡的"冷战"背景下，充分利用技术优势发展精确制导武器、隐形战斗机等先进武器系统来应对美苏有限战争，赢得对苏联的战略优势。2014 年 8 月，时任美国国防部副部长的罗伯特·沃克在发表演讲时提出美国需要实施第三次抵消战略以维持技术优势。2014 年 9 月，时任美国国防部长的查克·哈格尔宣布将制定新的"改变游戏规则的抵消战略"。2014 年美国国防部发布的《国防创新倡议》(*Defense Innovation Initiative*，DII) 提出，应利用科学技术创新来维持美国在 21 世纪的军事优势。《国防创新倡议》的发布标志着第三次抵消战略正式成型。此次抵消战略主要抵消对象是中国和俄罗斯，核心是发展颠覆性技术及武器。

算法战跨职能小组的第一项任务是为战术无人机系统和中空全动态视频 (mid-altitude full-motion video) 提供技术，以支持打击"伊斯兰国"（"ISIS"）。沃克总结"专家项目"的目标是"减少全动态视频分析的人力负担，增加可采取行动的情报，提升军事决策能力"。此外，算法战跨职能小组还将整合国防情报任务领域基于算法的技术。2017 年底，成立半年的算法战跨职能小组开发出首批 4 套智能算法，并部署至美国非洲司令部，随后又陆续在中央司令部、弗吉尼亚州兰利空军基地等地点实现部署。沙纳汉中将在 2017 年的一次技术会议上发表演讲时指出，人工智能可以帮助美国国防部迎接算法战，并建议美国国防部不再采购不具备人工智能能力的武器系统。[44]

"算法战"的概念

"算法战"的概念最早出现在 2013 年的一篇博文中，作者是美国大西洋理事会网络治理倡议研究项目主任詹森·希利，博文题目为"'震网'病毒与'算法战'的曙光"（Stuxnet and the Dawn of Algorithmic Warfare）。希利认为，引入新型作战样式的是软件（算法）。在他的描述中，"震网"病毒似乎是第一个由算法而非人手扣动扳机的自主武器。2016 年，哈佛大学法学院撰写的研究报告《战争算法问责》（War-Algorithm Accountability）中将"战争算法"定义为"以计算机代码表达、通过某个构建的系统生效、能够在武装冲突中运作的算法"。

"算法战"概念的正式提出及迅速发展，意味着算法从原来武器装备中的软件构件上升为战法。这赋予了算法"战场操盘手"的地位，赋予了算法设计者以"战争设计师"的使命。从战争规律上来看，未来作战体系将以机械和电子硬件为骨架，以数据为血液，以软件为大脑，以算法为灵魂。如果一支军队的骨架脆弱，那么就不硬、不强；血液不通畅，就"脑梗""心梗"；软件不完善，就"缺筋""少弦"；算法不智慧，就"弱智""低能"。因此，在作战体系中，算法有可能推动形成基于陆、海、空、天、网、电之上的一个新的作战域——算法域。

目前来看，算法战也存在一些显著弱点。首先是理论上的极限。目前的算法是用电子计算机执行的，可以高效地解决多项式复杂度问题，而多项式复杂程度的非确定性问题，如"NP 难"问题——被数学家称为世纪科学难题，目前在理论上还没被破解。因此，算法战在理论上还存在瓶颈，有待攻关突破。其次是功能上的缺陷。人们常说有程序就会有缺陷，因为算法是人设计的，不可避免地会存在人的失误，从而造成软件功能的缺陷。在与李世石对弈的第四盘中，AlphaGo 曾经昏招迭出，事后分析是由于出现了算法失效的情况。从原理上看，这种情况尽管非常少见，但这是算法难以摆脱的先天不足。再次是资源上的制约。军事对抗系统复杂性明显增加，而支撑算法的运算资源必须跟上，战争不仅要摆脱数据匮乏的困境，而且要解决算力不足的问题。最后，安全上也存在风险。一旦通过某种手段破坏算法逻辑，就可能造成不可控制的灾难性后果，引发连锁反应。

然而，无论我们的意愿如何，人工智能算法走向战场都将引发巨大的军事变革。在可预见的未来，人工智能算法结合非人工智能算法能够在若干方面展现人类难以比拟的优势，深刻影响各作战领域。沙纳汉中将在与谷歌公司前首席执行官埃里克·施密特、谷歌公司全球事务副总裁肯特·沃尔克的谈话中曾提到："如果另一方拥有机器和算法，而我们没有，那么我们就面临无法接受的输掉这场冲突的高风险。"[45] 谈及算法战的未来，他认为："我们将被未来战斗的速度、混乱、血腥和激烈程度所震惊，而这场战斗可能会在几微秒内上演，那么这类战斗究竟是如何发生的呢？那就是算法。"[45]

第三章

数据：智能之矿

如果你拷问数据到一定程度，那么它就
会坦白一切。

——罗纳德·科斯

　　数据是可以"挖掘"的矿藏。古代，人类通过观察和记录宇宙中的事件来思考时空的规律。四百多年前，天文学家约翰内斯·开普勒利用第谷·布拉赫积累的天文数据，验证了崭新的宇宙模型。八十多年前，图灵放弃了对Enigma机器收发方式的钻研，转而通过分析密文数据本身所蕴含的隐秩序破译了德军密码。近十多年来，数据的内涵和外延不断拓展，数据量更是以惊人的速度不断增长。作为驱动人工智能崛起的三驾马车之一，数据已经演变为智能时代极为重要的生产要素。

一、范式：数据背后的隐秩序

　　在拉丁语中，"数据"这个词的字面意思是"给予的东西"。人们用这个词来代表人类与自然及社会交互过程中"被给予"的各类记录。从上古时代的"刻木结绳"，到文字发明后的"著于竹帛"，再到纸张发明后的"属词比事"，伴随着人类社会的发展变迁，数据蕴含了人类对世界的认知。然而，直到现代信息技术出现后，人类社会才有了大规模处理数据的技术手段，"数据"这个词也被明确地用来表示可传输、可存储、计算机可处理的数字内容。随着时代的进步，人类理解和运用数据的能力有了质的飞跃，逐步认识到隐藏在数据背后的基本理论和可行方法，初步建立了数据处理应遵循的公认模式。

（一）金之在熔

　　系统科学家罗素·阿科夫曾经有过一段关于数据（data）、信息（information）、知识（knowledge）、理解（understanding）和智慧（wisdom）的描述。他说："一盎司[①]信息抵得上一磅[②]数据，一盎司知识抵得上一磅信息，一盎司理解抵得上一磅知识，一盎司智慧抵得上一磅理解。"[46] 在阿科夫的体系里，数据是表示对象和事件属性的一堆符号，信息是由经过处理的数据组成的，这些处理旨在提高数据的用处（usefulness）。因此，数据和信息之间的区别是功能性的（是否可用），而不是结构性的（如何表达）。信息和知识则有概念上的精微差异，信息往往包含在描述中，用以回答诸如"谁""什么""何时""何地""多少"这样的词开头的问题；而知识是传达指示（instruction）的特殊信息，用来回答"怎样"或者"如何"的问题；从数据到知识，我们会产生逐步深化的理解，从而得到智慧。因此，数据是一切的基础，简单地说，由数据得信息，由信息得知识，由知识得智慧。这个层层淬炼的体系也被称为"DIKW[③]金字塔"（DIKW pyramid）。

DIKW 金字塔

DIKW 金字塔（图 3-1）可以追溯到英国诗人托马斯·艾略特所写的剧本《岩石》（The Rock）。剧本中写道："我们在知识中失去的智慧在哪里？我们在信息中湮没的知识在哪里？"（Where is the wisdom we have lost in knowledge? Where is the knowledge we have lost in information?）

1955 年，美国经济学家和教育家肯尼斯·博尔丁提出了一种由

---

①　1 盎司 ≈0.028 千克。
②　1 磅 ≈0.45 千克。
③　DIKW 分别是数据（data）、信息（information）、知识（knowledge）、智慧（wisdom）的英文首字母。

图 3-1　DIKW 金字塔

信号、消息、信息和知识组成的层次结构的变体。美国教育学家尼古拉斯·亨利则首次区分了数据、信息和知识。早期的探索者还有美籍华裔地理学家段义孚、美国社会学家丹尼尔·贝尔等。1980 年，英国学者麦克·科雷在《建筑师还是蜜蜂？——人类为技术付出的代价》（*Architect or Bee?——The Human/Technology Relationship*）一书中引用了同样的层次结构来探讨自动化和计算机化问题。1987 年，捷克斯洛伐克教育家米兰·泽莱尼将层次结构的元素映射为知识形式：know-nothing、know-what、know-how 和 know-why。

1989 年，在国际通用系统研究学会的演讲中，美国系统科学家阿科夫探讨了 DIKW 的层次结构，这被称为此层次结构的"原始表达"。阿科夫的模型版本包括一个介于知识和智慧之间的理解层。在 DIKW 体系中，阿科夫辨析了智能（intelligence）和智慧这两个不同的概念，同时也隐含地建立了由数据到智能的通路。他认为，所谓智能是提升效率（efficiency）的能力，而智慧是提升效力（effectiveness）的能力。效率和效力的差别在于：效率是达到客观目标所需的资源量，或者以指定数量实现该目标的概率；而效力关乎价值，是叠乘了价值的效率。智能可以通过知识和信息的增长而提升，可以借助某种可编程自动执行的逻辑计算实现。智慧则涉及判断力的运用，是一个复杂的价值问题。因此，阿科夫有一个形而上的推断：虽然我们能够开发计算机化的信息、知识和理解系统（智能系统），但我们可能无法通过这些系统生成智慧。

1989 年，美国学者罗伯特·拉齐在他的著作《硅梦》(*Silicon Dreams*) 中正式以金字塔的形式描述了 DIKW 四层结构。

从大量的数据中获取足量的信息和正确的知识，是一项充满挑战的任务。为了完成这项任务，最初的统计学扮演了重要的理论支撑的角色。罗纳德·费希尔等统计学家们相信，统计的存在是为了预测、解释和处理数据。用统计学家利奥·布雷曼的话来说，统计就是"一门收集、分类、处理并且分析事实和数据的科学"。2001 年，布雷曼发表了著名的论文《统计建模：两种文化》(*Statistical Modeling: The Two Cultures*)，告诉我们使用统计建模从数据中得出结论有两种不同的文化。[47] 一种文化假设数据由给定的随机数据模型生成，另一种文化将数据的生成机制视为未知，使用算法模型来直接处理数据。这两者的差别可以这样通俗地理解：第一种是正统派的，"挖矿炼金"必须使用规定好的几种理论完美的装备；第二种是目标导向的，不拘泥于工具，甚至不拘泥于已有的理论基础。统计学界的主流是前者，几乎排他性地使用数据模型，这种状况实际上使得统计学家无法研究一些日趋重要的现代问题。近年来，算法建模在理论和实践上都在统计学以外的领域得到了迅速的发展，一方面可以适用于大型复杂数据集，另一方面也成为解决传统小数据集问题的替代方法。因此，后者逐渐和计算机科学结合在一起，形成了一个面向数据科学的技术方向。

另外一个理论支撑来自信息论。1948 年，香农发表了题为"通信的数学理论"(A Mathematical Theory of Communication) 的文章，深入探讨了数据中到底有多少信息、如何度量信息、如何量化信息等问题，同时也催生了一个称为"信息论"的新领域。信息论的革命性思想不仅为通信技术奠定了理论基础，而且为人工智能的发展做出了重要贡献。香农认为，数据的性质和意义对于信息来说并不重要，因此他没有把关注的重点放在数据语义方面，而是用概率分布和"不确定性"量化信息，并引入术语"比特"（bit）来度量信息量。例如，我们知道信息论可以用于衡量特定数据集中可能包含的有价值内容的总量，这是现代压缩技术的理论基础；而对于机器学习，这个总量实际上构成了机器学习算法能力的上限。换言之，任何一个机器学习算法都无法提取比数据集内涵信息更多的东西。

21 世纪以来，计算机和人工智能科学蓬勃发展，带来了新的理论视角。随着深度学习研究的深入，科学家发现，表现好的深度学习过程总是在保留"相关"（或者"有意义"）的信息，去除"无关"的信息。这项研究成果可以追溯到 2000 年希伯来大学教授纳夫塔利·蒂什比等提出的信息瓶颈（information bottleneck）理论。

信息瓶颈理论试图提供"相关"信息的定量概念。蒂什比认为，香农在最初的表述中有意将"相关"信息问题排除在信息论之外，将注意力集中在传输信息的问题上，而不是判断信息对接收者的价值。因此，信息论经常被视为通信理论，以至于许多人认为统计和信息论的原则与"相关"几乎是无关的。蒂什比认为，信息论特别是有损源压缩为"相关"信息问题提供了一种自然的定量方法。他提出了一个变分原则，用于提取或者有效地表示"相关"信息。[48]

在实践中，蒂什比等设计的深度神经网络实验揭示了瓶颈过程是如何实际发生的。深度学习存在一个把数据中的信息从一个"瓶颈"中挤压出去的过程。通过追踪每层网络保留的输入数据信息和输出标签信息，蒂什比和他的学生们发现，相关信息经过层层传递，逐渐收敛到信息瓶颈的理论边界。这是深度学习系统在抽取相关信息时能够做到的极致。在这个边界上，深度神经网络在不牺牲准确预测标签能力的情况下，尽可能地压缩了输入数据，实现了最大可能的性能泛化。[49]

蒂什比的实验观察到深度学习的过程既存在对数据的拟合，又存在一个类似数据有损压缩的步骤：拟合是把数据中包含的所有信息都记住，无论信息是否"相关"；压缩则是把"无关"的信息都忘掉，只保留"相关"的信息。这个过程很像人类的学习过程，先是记住了很多知识，然后随着时间的推进又遗忘了一些，剩下的就是最需要的知识。

DIKW 金字塔体系告诉我们数据中蕴含了丰富的内涵，而建立在计算机科学、信息论、统计学等基础上的人工智能技术实现了从数据中淬炼信息和知识的方法。1965 年，美国哲学家、兰德公司顾问休伯特·德雷福斯发表了题为"炼金术与人工智能"（Alchemy and Artificial Intelligence）的研究报告，讽刺兰德公司主导的人工智能研究犹如炼金术。在深度学习时代，当我们透过 DIKW 金字塔体系重新回望时，信息和知识的提炼之道的确还是"如金之在熔"。不同之处在于，人类对数据的认识有了新的深度。

（二）不失圭撮

能否从数据中提炼出更多更好的信息和知识，要看数据的质与量。在机器学习发展的早期，人们就已经注意到，优质的数据在性能提升的过程中比带有噪声的先验知识更有用。1988 年，人工智能科学家弗雷德里克·杰利内克曾经有一段关于语音识别的著名评述。他说："每当我解雇一个语言学家，语音识别的性能就会上升。"[50]后来，计算机科学家、图灵奖获得者莱斯利·瓦利安特对此有一个更为深刻的评述。他在《可能近似正确：在复杂世界中学习和繁荣的自然算法》（*Probably Approximately Correct: Nature's Algorithms for Learning and Prospering in a Complex World*）一书中指出，也许的确存在着一种"关于猫是如何成为猫"的理论，但这并不是幼儿学习识别猫的方法；我们学习"猫"的概念是采用了一种无理论（theory-less）的方法，通过从一组正确地标明"猫"和"非猫"的动物图片（数据）中推断而得；我们看到的例子越多，我们就越"概率近似正确"（probably approximately correct，PAC）。[51]

那么，抽象学习任务究竟需要多少数据？1984 年，瓦利安特建立了概率近似正确学习（PAC learning）框架，试图回答这个问题。这个框架被认为是机器学习理论领域的重要基石，也是瓦利安特获得图灵奖的主要成果。PAC learning 给出了学习的定义，指明了假设类的重要性，也通过学习算法的样本复杂性说明了数据量的重要意义。瓦利安特提出这套理论是为了让计算机科学家注意到学习算法是一类特殊的算法。在此之前，算法分析关注的是空间复杂度和时间复杂度，而学习算法和一般算法不同，它与样本复杂度有关。瓦利安特首先利用数学化的语言定义了 PAC learning，并在此基础上给出了一个有限假设类上的学习的界。此后，机器学习理论在泛化界的研究上有了巨大进步。尤其是在引入度量概念假设类的"VC 维"①概念后，对于给定的学习模型，便可以得到更为一般的采样复杂度。

除了数据量的影响，数据生成和使用方式也将影响统计推断的结果。加州理工学院的教授亚瑟·阿布-穆斯塔法在《从数据中学

---

① "VC 维"的中英文全称为"瓦普尼克－切尔沃年基斯维数"（Vapnik-Chervonenkis dimension）。

习》(*Learning from Data*)一书中列举了若干重要的数据问题，如采样偏差(sampling bias)和数据窥探(data snooping)。[52]

采样偏差是指样本分布和实际分布不一致导致的偏差。关于采样偏差，有一个非常著名的故事。1948年，美国民意调查机构盖洛普开展了电话调查，采用了一种称为"定额采样"(quota sampling)的方法来预测美国总统的选举结果。使用这种方法，盖洛普预测，托马斯·杜威将在大众选票上领先哈里·杜鲁门5个百分点。因此，《芝加哥每日论坛报》(*Chicago Daily Tribune*)甚至提前印好了头版头条标题为"杜威击败杜鲁门"(Dewey Defeats Truman)的报纸。然而，最终的结果却是杜鲁门获得了胜利。后来人们发现原因很简单：当时只有富人用得起电话。因此，使用电话调查得到的样本内分布和样本外分布完全不同，引入了较大的偏差。阿布-穆斯塔法教授评论说："如果数据采样的方式有偏，那么学习将得到类似的有偏结果。"[52]

数据窥探是数据处理中常见的另一个问题。这个问题非常简单：如果一个数据集参与了学习过程中的任何步骤，那么在这个数据集上的评估结果就会不准确。在机器学习中，如果一个数据集被用来做训练，那么就不应该被用来评估最终得到的学习机器。一个简单的例子是：一枚硬币被投掷5次，落地时有2次正面向上和3次反面向上。这可能会导致人们假设抛硬币后硬币落地时正反面向上的概率分别是0.4和0.6。如果我们仍然在得出这个结论的数据集上评估这个假设，那么它一定会被100%证实。但是这样的评估是没有意义的，正确的评估应该在新的实验数据上进行。

人工智能行业的大公司也遇到过数据惹来的麻烦。例如，谷歌公司的Google Photos应用程序中有一个自动标签功能，即通过机器对照片内容进行自动识别和分类并打上标签，以便管理和搜索。2015 年，纽约布鲁克林的黑人程序员杰基·阿尔辛发现，她和朋友的自拍照竟然被谷歌打上了"gorilla"（大猩猩）的标签。微软公司的智能聊天机器人"塔伊"（Tay）在上线不久后就被网民们"教坏"，成了一个集性别歧视和种族歧视等问题于一身的"不良少女"。研究表明，在许多搜索引擎中，相比搜索白人的名字，搜索黑人的名字更容易出现暗示犯罪历史的内容；自然语言算法更容易将幼儿园的工作人员识别为女性；司法辅助断案系统倾向支持原告的诉讼请求。

在数据价值发现的早期，我们通常把这类问题认知为算法问题，如算法歧视和算法偏差。然而细究其缘由，数据生成和使用问题带来的有偏推断占据了绝大多数。古语说："度长短者不失毫厘，量多少者不失圭撮。"数据应用自有其秩序，严格遵从这些科学规律，正确、合理地利用数据，是持续稳定支撑智能应用的关键所在。

二、嬗变：数据焕发的超凡价值

在人工智能领域，数据真正焕发出价值始自 21 世纪的第一个十年。2006 年，刚刚加入伊利诺伊大学厄巴纳-香槟分校的华裔女科学家李飞飞考虑创建一个大数据集，用来训练更好的机器学习模型。她把这个数据集命名为 ImageNet（图 3-2），取这个名字是因为采用了一个著名知识工程产物——英语词库 WordNet 的层次结构，所以类比了名字。后来，ImageNet 成了数据价值嬗变的象征之一，这是当初人们始料未及的。正如一篇文章中所说的：如果说数据是新的石油；那么直到 2009 年，它还只是一堆"恐龙骨"。[53]此后，各类大数据见证了大奇迹。

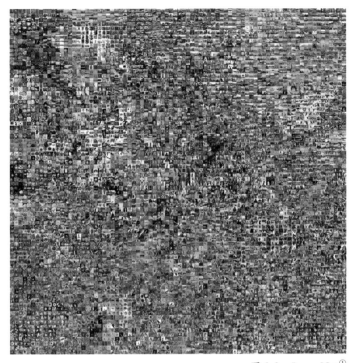

图 3-2　ImageNet[①]

（一）道阻行至

发现数据价值的过程是曲折和暗昧的。李飞飞最初也只是想通过更优质的数据解决机器学习中的一个核心问题——过拟合和过度泛化（over-generalizing）。过拟合说的是：算法只会"死记硬背"，只能处理与之前看到的数据接近的数据，无法理解任何更一般的事物。过度泛化则走向了另一个极端：如果一个模型根本无法匹配训练数据，那就是过度泛化了。这时，她发现了一个在机器学习领域存在的现象，那就是人们更多地关心模型（或算法），忽视了那些用

---

①　图片来源：MIT License。

来训练模型的数据。然而，找到一个优秀的模型往往很难，可能遥不可及，而为模型训练提供更多复杂的例子，却可能是一条改进性能的捷径。这一点似乎很像人类：一个人是否拥有智慧，除了取决于其是否有一个先天发达的大脑，还取决于其行过的路、读过的书及接受过的训练。

2007 年，ImageNet 项目开始启动。这时，李飞飞已经回到她的母校普林斯顿大学任教。她在这里组织了自己的小团队。普林斯顿大学对 ImageNet 有特别的意义，因为这里正是 WordNet 的发源地。WordNet 这个项目在人工智能领域太有名气了。它是普林斯顿心理学家乔治·米勒在 20 世纪 80 年代后期启动的，旨在为英语建立一个层次结构。WordNet 为每个具有相同意义的同义词集（synset）提供了简短、概要的定义，并记录了不同同义词集之间的语义关系。例如，双层床（bunkbed）从属于床（bed），而床又从属于家具（furniture），以此类推。在 ImageNet 即将启动的时候，李飞飞听从了 WordNet 创建者之一的克里斯蒂安·费尔鲍姆教授的建议，即每个同义词集都应该有自己关联的图像。但是，她的想法和费尔鲍姆有很大差异。李飞飞认为，每个同义词集应该对应一个规模较大的图像数据集，而不只是一帧图像。此外，数据集对应的同义词集应该既有具体对象（如熊猫或教堂），又有抽象概念（如爱或恨）。"我们决定做一些史无前例的事情"李飞飞说，"我们将描绘出整个世界。"[53]

在最初的几年，ImageNet 的数据实践遇到了诸多困难。首先是任务太大，大学校园里缺少足够的人力。如果雇学生来建数据集，那么需要九十多年才能完成所有任务；如果不使用人力，改用计算机视觉算法自动从互联网上搜集图片，由于其本身的目标就是训练出更好的计算机视觉算法，则又会陷入"鸡生蛋、蛋生鸡"的死循环中。更坏的情况是，搜集数据的工作在同行中根本不被认同，李飞飞在很长一段时间里没有得到任何来自政府和大企业的资助。

最后是众包（crowdsourcing）给 ImageNet 带来了生机。在一次偶然的走廊谈话中，一位研究生建议使用一种众包工具——亚马逊土耳其机器人（Amazon mechanical Turk）来完成数据集的搜集。土耳其机器人是一项服务，它可以让世界各地的人们坐在电脑前，通过完成一小份在线任务而赢得几美分的收入。但是，土耳其机器人并没有那么完美。为了保证数据的质量，李飞飞的学生为土耳其机器人搜集图片的任务设计了一批统计模型。使用土耳其机器人后，数据搜集工作在两年半后完成了，一共搜集了 320 万张带有标记（监督信号）的图片，分了 12 个子树，共有 5247 个类别。

亚马逊土耳其机器人

亚马逊土耳其机器人是亚马逊公司于 2005 年 11 月推出的一个众包网站。通过该网站，个人或者机构可以发布一些计算机难以胜任的"人类智能任务"，如识别图像中的特定内容、根据语义分割图像中的对象、回答调查问卷等，并以远程"众包工人"的方式来完成这些任务。"众包工人"以此赚取雇主设定的费用。

"土耳其机器人"的名称来源于 18 世纪的一个故事：奥地利发明家沃尔夫冈·肯普伦带着其发明的国际象棋自动机"土耳其人"游历欧洲与人类比赛，并连续击败了拿破仑·波拿巴、本杰明·富兰克林等名人。后来人们发现，这台"机器"并非自动机，而是在棋盘下方的柜子里隐藏了一位人类国际象棋大师，通过控制假人的动作来与真实的人类下棋。与此类似，亚马逊土耳其机器人将远程的"众包工人"隐藏在计算机界面后面，帮助雇主完成任务，被称为"人造人工智能"。

亚马逊土耳其机器人自从上线以来，发布了很多与人工智能研究紧密相关的任务。例如，创建问答数据集 SquAD 的研究人员通过该服务雇佣工人来执行生成答案数据任务；ImageNet 数据集也使用这个服务来标注图像。该服务还被用来完成社会科学实验、寻找失踪人员、开展艺术创作等。

2009 年，第一篇使用 ImageNet 的论文作为学术海报在计算机视觉和模式识别会议上发表，初试啼声。不出所料，这篇论文发表后的反响并不大。当时的大多数学者对"更多更好的数据可以帮助算法提升"这个主题并不感兴趣。他们的普遍想法是：如果可以在小数据集上做得好，那么就可以推广到大数据集；反之，则只能说明算法不那么好。

真正让数据走入算法研究视野的，是此后的几场计算机视觉竞赛。在此之前比较著名的计算机视觉竞赛是欧盟资助的网络组织"模式识别、统计建模和计算学习"（Pattern Analysis Statical Modeling and Computational Learning，PASCAL）举办的视觉对象类（visual object classes）挑战赛 PASCAL VOC。这个竞赛始于 2005 年。当时数据的规模较小，第一年的竞赛只有自行车、小汽车、摩托车和行人 4 个类别的图像，到了 2007 年才发展到 20 个类别。[54] 2010 年，李飞飞研究团队向 PASCAL VOC 组织方提议使用 ImageNet 的一个子集来测试不同算法在大规模识别任务上的性能，并由此推出了 ImageNet 大规模视觉识别挑战赛（ImageNet Large

Scale Visual Recognition Challenge，ILSVRC）。

PASCAL VOC 和 ILSVRC

2005 ~ 2012 年，PASCAL VOC 挑战赛每年举办一次。挑战赛的数据来自 Flickr 网站、公开图像数据集及微软剑桥研究院等，带有真值（ground-truth）标注，并且使用标准化软件来评价性能。2005 年和 2006 年的 PASCAL VOC 比赛中分别只有 4 类和 6 类图像。从 2007 年开始，图像类别增加到 20 个。2012 年的最后一届竞赛中使用了 11 530 张图片，包含 27 450 个感兴趣区域（ROI）目标和 6929 个分割。竞赛主要有如下三项内容。①分类：预测图像的类别。②检测：预测给定类别的对象在图像中的位置（如果对象存在）。③分割：预测图像中每个像素的类别。

此外还有两项附属挑战：一项是动作分类，即确定图像中指定的人正在做什么动作，包括跳跃、打电话、骑自行车等；另一项是人的身体布局，即找到图像中人物的头、手和脚在哪里。每年的挑战赛结束后，组织方都会举办一个研讨会来比较、讨论当年的结果和方法。

ILSVRC 是 PASCAL VOC 竞赛的扩大版。例如，PASCAL VOC 2010 的图片数量为 10 103 张，而 ILSVRC 2010 有 1 461 406 张图片；类别也从 PASCAL VOC 的 20 个增加到 ILSVRC 的 1000 个。最初，ILSVRC 竞赛的内容和 PASCAL VOC 的内容一致，后来有了增加。例如，2017 年的 ILSVRC 设置了如下竞赛任务。①对象定位：给定一幅图像，算法按置信度递减顺序生成 5 个类别标签及 5 个边界框，定位质量根据与图像的真值最匹配的标签及边界框与真值重叠的情况来评估。②对象检测：对于每幅图像，算法产生一组注解，每个注解是一个三元组，包含对象类别、置信分数和边界框。该组注解预计包含 200 个对象类别中的每个类。准确者获胜。③视频中的对象监测：对于每个视频，算法产生一组注解，每个注解包括帧号、对象类别、置信分数和边界框。该组注解预计包含 30 个对象类别中的每个类。准确者获胜。

　　经过 2011 年和 2012 年的竞赛，ILSVRC 很快成为衡量图像分类算法的基准。研究人员也开始注意到一些超越了竞赛本身的事情：他们的算法在使用 ImageNet 数据集进行训练时的效果更好。2012 年的 ILSVRC 竞赛结果显示，多伦多大学的亚里克斯·克里热夫斯基、伊利亚·萨茨克维尔和辛顿提交的一种名为 AlexNet 的深度卷积神经网络架构的最好情况达到 15.3% 的 Top-5 错误率，比第二名低 10.8 个百分点[①]。更重要的是，人们发现，通过使用大数据集，算法的性能有可能超过人类的水平。2014 年的冠军 GoogLeNet 已经接近人类的成绩，2015 年的冠军 ResNet 则直接超过了人类的成绩，这是非常振奋人心的（图 3-3）。

　　虽然 ILSVRC 竞赛 2017 年之后已不再举办，但是 ImageNet 数据集还在不断更新，目前 ImageNet21K 数据集已经拥有超过 1400 万张图片。2010 年以来，谷歌公司、微软公司等推出了许多其他备受瞩目的公共数据集。一些互联网巨头开始借助其平台优势收集大量的图片、语音、视频和文本并创建自己的内部数据集，甚至一些人工智能初创公司也开始构建自己的数据集。这是由于深度学习已被证明需要使用如同 ImageNet 那样庞大的数据集。李飞飞说：

---

　　① AlexNet 5CNNs 和 7CNNs* 模型的 Top-5 错误率分别是 16.4% 和 15.3%。

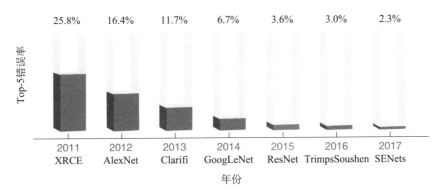

图 3-3 ILSVRC 的历年图像分类竞赛最优结果
图中采用的是 AlexNet 5CNNs 模型的 Top-5 错误率 16.4%

"ImageNet 在人工智能领域改变的一件事情是，人们突然意识到，制作数据集这样一个吃力不讨好的工作是人工智能研究的核心，人们真正认识到数据集在研究中的重要性与算法一样。"[53]

（二）了犹未了

近年来，人们普遍开始赞同算法、数据、算力是人工智能崛起的三驾马车。但是，人工智能领域的科学家仍在不断探索，试图进一步解开"海量数据"与机器学习的关系之谜。

2017 年，一批谷歌公司的科学家完成了一个非常有趣的机器学习实验。他们的想法是：构建一个比 ImageNet 大得多的数据集，并使用这些数据来研究数据规模与计算机视觉任务性能之间的关系。[55]具体地说，他们是想研究三件事情。第一件事情是，如果向已有算法提供更多带有噪声标签的数据（图像），是否可以改善视觉表征；第二件事情是，针对分类、目标检测及图像分割等标准视觉任务，数据和性能之间有什么关系；第三件事情是，对于那些基于大规模机器学习的计算机视觉任务，最优秀的模型会有什么表现。

很快，他们构建了一个比 ImageNet 大 300 倍的数据集 JFT-

300M[①]。对于谷歌公司这样一个从搜索引擎起家并宣称完全投入机器学习的大公司，完成这件事情确实相对容易。在完成之初，JFT-300M 数据集就有 3 亿张图片。这些图片包含 10 亿多个标签（使用一种算法进行标记，单张图片可以有多个标签），共有 18 291 个类别（如数据集中标记了 1165 类动物和 5720 类车辆）。这些类别形成了一个丰富的层次结构，层次结构的最大深度为 12 层，父节点的最大子节点数为 2876 个。这些数据是带噪声的，标记的精度会因为数据自动搜集的缘故受到影响。尽管谷歌公司的研究人员使用算法在这 10 亿多个图片标签中挑选出约 3 亿个精度较高的标签，但这些"高"精度标签中仍然有约 20% 的标签是带有噪声的。同时，人们也没有办法来估计这些自动获取的标签的召回率[②]。此外，JFT-300M 数据集还存在各类别数据量不均衡的长尾现象。例如，JFT-300M 数据集中有超过 200 万张花的图片，但只有 131 张列车员的图片。事实上，JFT-300M 中有超过 3000 个类别存在每类少于 100 张图片的情况，约有 2000 个类别的每类少于 20 张图片。

数据规模与视觉任务性能之间关系的实验结果令人鼓舞。科学家研究了数据在视觉表征学习（预训练）中的作用，在图像分类、对象检测、语义分割和人体姿态估计等视觉任务上评估了结果，有了以下观察。

（1）第一个观察是，大规模数据确实有助于表征学习。实验结果表明，使用了大规模数据的每个视觉任务的性能都得到提高。实验显示，数据规模似乎可以压倒标签空间中的噪声。这表明，收集更大规模的数据集来开展视觉预训练是有益的。此外，实验结果也

---

① JFT-300M 的前身是谷歌公司的内部数据集 JET，有大约 1 亿张图片。

② 召回率（recall）又叫查全率，是在实际为正的样本中被预测为正样本的概率。

证实了无监督或自监督表征学习方法的作用。

（2）第二个观察是，性能随着训练数据量的增大，呈对数增长。实验发现，从常用的 FasterRCNN 算法的表现看，最终性能与用于表征学习的训练数据量之间存在对数增长的关系。

（3）第三个观察是，大数据要配大模型。实验观察到，如果要充分利用 JFT-300M 图像，则需要更大的模型。例如，与基于 ResNet-152（152 层）模型的算法相比，基于 ResNet-50（50 层）模型的算法通过大数据得到的增益要小得多。

（4）实验还发现，尽管数据分布有长尾现象，但是大数据对表征学习性能提升似乎仍然有效。这个长尾现象似乎对卷积神经网络的随机训练不会产生不利影响（训练仍然收敛）。

上述研究结果似乎证实了存在一个可行的技术路线，即可以用大数据和大模型进行预训练（这个训练称为上游训练），然后再把预训练得到的模型用在具体的应用模型训练上（这个训练称为下游训练），这样就可以轻易地获得优异的性能。即使下游训练数据较少或没有数据，有时候也能有不错的表现。人们在自然语言处理领域观察到，模型在大量数据上训练后，在许多小样本自然语言处理任务上取得了显著成效；在图像识别任务中，基于 Instagram 和 JFT-300M 数据集的预训练已被证明在迁移学习与小样本学习（few-shot learning）中非常有效。这样的例子越来越多，似乎大数据、大模型和预训练已经把机器学习应用的大难题一劳永逸地解决了。

然而，人们对数据规模的意义很快就有了更深入的认识。2021 年，谷歌公司针对一系列下游训练，研究了大规模（大数据和大模型）上游训练在迁移学习和小样本学习场景中对于可迁移能力的改进。[56] 这项研究非常广泛，涵盖了 4800 多个 Vision Transformer、

MLP-Mixer 和 ResNet 模型。上游训练的数据集包括常用的大数据集 JFT-300M 和 ImageNet21K。下游训练的数据集包括 VTAB、MetaDataset、Wilds 及一些医学成像数据集。结果表明，当试图通过扩大上游训练的数据规模或者模型规模来提高上游训练的性能时，下游训练的性能就会表现出饱和现象。性能饱和意味着上游训练存在一个训练精度的阈值。超过该值后，下游训练的性能提升会非常小。因此，在达到饱和后，不值得通过扩大数据集规模、模型规模或者训练时间来提高上游训练的训练精度。换言之，上游训练的数据规模也并非越大越好，可能还需要考虑下游训练的数据规模和多样性。

除了对数据规模的意义有了实证的认识，人们还对机器学习中数据扮演的角色有了新的理解，提出了深度学习的几何观点。[57] 这个观点的核心是一个称为"流形分布定则"（manifold distribution law）的数学提法，即每个"概念"自然对应于一个数据集；数据集可以看作一个点云（point cloud）[①]，其中每个点是数据集中的一个样本；样本点尽管可能是高维的，但是却和某个低维结构（流形）相关联，对应着这个流形上的某个概率分布的采样。同时，不同的类对应着流形上的不同概率分布。这些分布在距离上是可区分的。

因此，根据上述几何观点，深度学习的本质任务是找到低维结构（流形）上的概率分布（probability distribution），主要包括学习低维结构、在低维结构上估计概率测度分布。其中，低维结构可以通过基于深度神经网络的编解码器构造非线性映射来表达，估计概率测度分布可以采用归一化流和最优传输映射等技术。[58]

---

① 空间中的点构成的数据集。

最能体现这一观点的例子是手写数字识别的可视化研究结果。辛顿等在早年曾经发明过一种称为 t-SNE 的方法，可以在二维或三维图上为每个高维数据点指定一个位置来可视化高维数据。t-SNE 属于一类称为"随机邻居嵌入"的方法，非常容易优化，能够减少数据点在图中心聚集的趋势，从而带来更好的可视化效果。图 3-4 显示了使用 t-SNE 方法实现的手写数字数据集 MNIST 在二维图上的可视化。MNIST 是一个手写数字的图片集，有 60 000 个训练数据和 10 000 个测试数据，由 250 个不同的人书写。1998 年，杨立昆等使用 MNIST 数据集训练出基于 LeNet-5 网络的算法，实现了手写字体的高效识别。[59] 根据流形分布定则，这个 MNIST 数据集代表了"阿拉伯数字"这个概念，每个阿拉伯数字的样本都是背景空间中的一个点，所有样本构成了点云。因为每个样本都是一个 28 像素 ×28 像素的黑白二值数字图像，所以背景空间的维度是 784 维。t-SNE 的映射结果可以说明 MNIST 数据集中的数据分布在一个二维流形（隐空间）附近。从一个 28 像素 ×28 像素黑白二值数字图像到二维点的 t-SNE 映射称为一种编码，而从二维点到 28 像素 ×28 像素黑白二值数字图像的 t-SNE 映射可以称为对应的解码。根据图 3-4 可知，不同的阿拉伯数字子类在二维流形上被映射成一个团簇，看上去在二维流形上可以被区分。换言之，从 0 到 9 这 10 个阿拉伯数字被从高维空间映射至一个低维空间。每个数字都对应一个概率分布，有自己的概率密度函数（probability density function）和支撑（support）。可以清楚地观察到，它们的采样在低维空间形成了 10 个团簇。

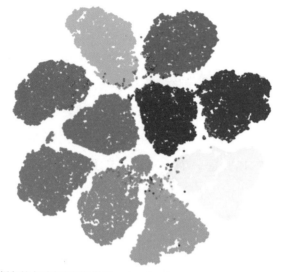

不同颜色的点对应不同的数字：●0 ●1 ●2 ●3 ●4 ●5 ●6 ●7 ●8 ●9

图 3-4　MNIST 数据集手写阿拉伯数字子类在二维流形上映射的团簇

　　实际上，20 世纪 90 年代以来，这种几何观点在计算机视觉研究中已经发挥了重要作用。当今天重新审视其价值时，我们发现，沿着这些思想的轨迹，数据价值的发现还只是发轫之始，等待着人工智能学者不断垦拓。

三、挑战：数据获取的下一个十年

　　当人们真正开始认识到数据的超凡价值时，也就真正理解了"创造数据就是创造价值"的重要概念。在人工智能的下一个十年，如何高效获取数据是历史车轮走进智能时代必须面对的重大考验。数据获取存在的第一个挑战是数据标注的挑战，即高效获取数据必须建立在去除人工标注的基础之上，要有自动的、共享的数据源头；第二个挑战是数据隐私的挑战，即高效获取数据一方面要加大数据联合，另一方面又不能罔顾隐私。因此，未来的数据获取既要源头活水，又要公私两济。

（一）源头活水

发展人工智能技术的初衷是将人类从体力劳动和脑力劳动中解放出来。然而极具讽刺意味的是，今天的数据获取几乎完全是人工行为。人工智能的诸多应用领域，包括计算机视觉、语音识别与合成及自然语言处理等，都需要大量的人工标注数据。在视觉应用方面，一个计算机视觉算法往往需要几十万张经过标注处理的图片参与训练，而新功能的增加和算法的定期优化也动辄会有成千上万张标注图片的数据需求。在语音应用方面，专业的语音应用公司累计的标注数据集播放时长已达百万小时，相关数据集标注的专业性要求较高且需求量仍在逐年大幅递增。在自然语言处理方面，随着工业、交通、医疗、教育等领域人工智能应用的蓬勃发展，自然语义数据的标注处理需求增长强劲，有望紧随视觉、语音之后成为第三大增量市场。这些海量数据几乎全部依赖数据工程师的手工标注，业界戏称"有多少智能，就有多少人工。"普林斯顿大学、康奈尔大学、蒙特利尔大学及美国国家统计科学研究院的研究人员联合发表的论文指出："像 Samasource、Mighty AI 和 Scale AI 这样的数据标注公司使用来自撒哈拉以南非洲和东南亚的劳动力，每天支付给每位员工的工资仅为 8 美元。"[60] 面对庞大的数据标注需求，摆脱繁重的人力成本是数据获取的重要任务。

解决人工标注问题的一个可行思路是发展"自动化"技术，尽量减少标注的劳动强度。这些自动化技术包括无监督学习、半监督学习（semi-supervised learning）、主动学习（active learning）和自监督学习（self-supervised learning）。由于标注的需求总是来自需要监督信号的学习，因此科学家最初的想法是：能否最大限度地使用无监督学习，即在没有"老师"给出答案的情况下利用聚类、分组和降维等技术最大限度地提取信息与知识。无监督学习的一个天然优势是，未标注数据的数量总是远远多过有标注数据的数量。在深度学习开始盛行的 2016 年，杨立昆就提到过："未来几年的挑战是让机器学会从原始的、没有标签的数据中学习知识，即无监督学习……无监督学习是人工智能的下一站。"[①] 2020 年，辛顿指出："人类无法完全依赖有监督学习的方法完成所有神经元训练，而是需要更多来自无监督学习的帮助。"[①] 然而，严格地说，迄今无监督学习或半监督学习几乎在任何方面都无法达到有监督学习的准确性和有效性。

　　既然没有"老师"给出标准答案就会减弱学习的效果，那么一个实用化的方法可以是一部分数据有"老师"给的答案，而另一部分没有"老师"给的答案。这类变体就是半监督学习。它假定我们有一部分已经标注的数据和另外一部分没有标注的数据。半监督学习方法既利用了标注信息，又利用了有标注和无标注数据之间的关系及无标注数据本身的聚类特性，从而提取到比单纯无监督数据更多的信息和知识。还有一类变体是主动学习，顾名思义，算法只在需要的时候才向"老师"要特定问题的答案。这类学习算法可以交互地要求"老师"为所需的数据提供监督信号。在统计学文献中，它有时也被归类为最优实验设计。

---

① 中国计算机学会青年计算机科技论坛. 无监督学习如何成为人工智能的下一站？https://www.ccf.org.cn/YOCSEF/Branches/Shenzhen/News/2020-08-22/707495.shtml[2023-02-27].

　　近年来，一种利用数据自身作为监督信号的方法逐渐流行，被称为自监督学习。自监督学习所需要的监督信号来自数据自身。例如，当需要学习"英语完形填空"的能力时，我们可以从英语句子数据库中找出一个完整的句子，抽掉几个词，把残缺的句子作为输入；抽掉的词就成了监督信号。自监督学习由于更容易得到数据样本，因此被颇为夸大地称为"人工智能的未来"。尽管目前科学家和工程师们还在抱怨自监督学习所需要的高昂算力及自动标注的不准确性，但这种机器学习技术在自然语言处理和计算机视觉领域确实获得了不俗的成绩。例如，用于自然语言处理的自监督学习应用Grammarly可以充当人们的自动写作助手。为了更好地向人们推荐使用短语和改写文字的最佳方式，Grammarly学习了成千上万个已有的句子，从而能够"理解"上下文。OpenAI的GPT-3是自监督学习的另一个很好的例子。据报道，它已经吸收了互联网上一半的文字数据，可以完成惊人的内容生成工作。这在以前是任何机器学习模型都无法做到的。

　　解决人工标注问题的另一个思路是尽量复用数据，减少人力成本。这个思路的实际可行办法是开源和共享。实现数据的开源和共享，可以使智能研究任务更充分地使用已有的数据资源，减少数据采集和处理的重复劳动与额外费用，把精力重点放在开发新的智能应用上。

　　今天最先拥抱开源共享的是科研领域，前文提到的ImageNet数据集、PASCAL VOC数据集及Kaggle竞赛数据集、KITTI数据集都是科研领域常见的数据来源。这些数据集被应用于机器学习、计算机视觉、自然语言处理等方向的研究，已被同行评审的学术期刊广泛引用。此外，互联网与人工智能公司也正成为开源和共享的主力军。例如，谷歌公司的Dataset Search是机器学习的顶级开源数据源之一，拥有约 4500 万个数据集，可被用来有效地训练机器学习模型；亚马逊 Web 服务（Amazon Web Services）也存储了数万亿字节的数据，涉及公共交通、卫星图像等多个领域；Microsoft Azure 将数据集整合到多个机器学习模型中，以减少数据准备的额外时间。

还有一类"动态"的数据集非常特殊，它是能够为智能体交互产生反馈数据的仿真器，常常被称为环境，大量的强化学习算法在这些环境中训练、测试和比较。例如，为 Atari 游戏、机器人控制等的策略学习而设计的 OpenAI Gym，为交易策略学习而设计的 Gym Trading 和 TensorTrade，为视频游戏而设计的策略学习环境 VIZDoom、OpenSpiel 等。2021 年 10 月，DeepMind 宣布收购了著名的 MuJoCo 物理模拟引擎，并随后将之开源，引发了业界的热议。MuJoCo 是一款被强化学习领域广泛应用的多关节接触动力学的物理仿真引擎，由神经科学家埃莫·托多罗夫设计和开发，被用于解决最优控制、状态估计和系统识别等领域的问题。DeepMind 将 MuJoCo 作为开源平台提供给所有研究人员，无疑将进一步推动这个领域的开源开放。

近年来，即使是较为保守的医疗领域，其数据开源和共享也有了新的发展。2022 年，南丁格尔开放科学（Nightingale Open Science）组织试图建立一个如同 ImageNet 那样的医学数据集，范围涵盖心脏病无声发作预测、乳腺癌识别、心脏骤停分类、骨折预测等。[61] 在医疗领域，健康数据大多被锁在小型"沙箱"中，由少数私营公司或资源丰富的研究人员控制。南丁格尔开放科学组织希望以安全和合乎道德的方式解锁这些数据，并将其用于公共利益。受到 ImageNet 巨大成功的鼓励，南丁格尔开放科学组织围绕这些数据寻求建立一个研究人员社区，这些研究人员将在一个称为"计算医学"的新科学领域工作。

智能时代是一个数据焕发价值的时代。数据的开源和共享将驱动智能应用的更快发展。正如 Linux 基金会的吉姆·泽姆林所言：开源的黄金时代已经来临。

（二）公私两济

数据的使用尤其是共享共用，有时候会引发严重的数据安全问题。2018 年，剑桥分析公司的前员工克里斯托弗·怀利向媒体透露了 Facebook 公司数据被滥用的情况：在未经许可的情况下，剑桥分析公司通过一款应用程序 This is Your Digital Life（"这是你的数字生活"），收集获取了数百万 Facebook 用户的个人数据，并用于政治广告的投放。事件被披露后，引发了轩然大波，剑桥分析公司申请破产，Facebook 公司因违反隐私规定被美国联邦贸易委员会罚款 50 亿美元。

这起丑闻提醒我们，隐私问题是智能时代数据应用的一个重大问题，关乎合法妥善获取和使用相关数据（及数据属性）。隐私保护一般指在数据被合法访问时，采取一定技术手段防止数据中的敏感信息被访问者以某种手段"逆向"获取，从而造成用户敏感信息被泄露和滥用。苹果公司首席执行官蒂姆·库克在接受《时代》（Time）采访时坦承：人工智能是我们这个时代最激动人心的技术，已经无处不在，且拥有改善生活的潜力，但也产生了不容忽视的隐私问题。[62]

有些时候，隐私泄露并非有意为之。一个负责任的机构试图开放共享数据，通常会提前对数据（往往包括个人敏感信息，如医疗记录、观看记录、电子邮件等）进行匿名化处理，以免泄露用户的个人隐私。表面看来发布的只是经过处理的特征数据，但是这些数据仍然有可能泄露个人敏感信息。例如，世界上最大的网络视频点播服务提供商网飞公司（Netflix）就曾经发生过一次不经意的个人隐私泄露事件。2006年，网飞公司发布了一个训练数据集供开发者训练系统。在发布这个数据集时，网飞公司删除了可用于识别单个用户的所有个人信息，并将所有用户标识（ID）换成了随机生成的假ID。然而，得克萨斯州大学奥斯汀分校的计算机科学家阿尔文德·纳拉亚南和维塔利·什马蒂科夫通过实验证实，将网飞公司匿名化后的训练数据库与互联网电影数据库（Internet Movie Database，IMDb）印证，可以重新识别出网飞数据库中的个人信息。这个事实说明，匿名化手段有可能不足以保护个人隐私。

"差分隐私"（differential privacy）就是为解决这类统计数据再识别问题而提出的一个概念。2006年，美国计算机科学家辛西娅·德沃克联合弗兰克·麦克雪丽、科比·尼西姆、亚当·史密斯发表了一篇论文，研究了数据匿名化需要添加的噪声量，并提出了一种防御攻击的通用机制。2017年，他们的工作获得了理论计算机科学界的最高奖——哥德尔奖。差分隐私根植于密码学，建立在严格的数学定义之上，并提供了量化评估方法，因此是一种有效的隐私保护机制。差分隐私通过添加干扰噪声来保护数据中潜在的用户隐私信息，使得恶意敌手即使知道学习模型所发布的结果，也无法推断出用户敏感信息。将该技术应用于机器学习模型，可以保证模型参数公开时训练数据不受模型逆向攻击。为了有效保证在人工智能模型训练中不泄露用户隐私，研究者还提出了同态加密（homomorphic encryption）、安全多方计算（secure multi-party computation）等多种技术。同态加密技术允许数据在密文状态下进行安全计算，实现密文状态下对明文的操作，从而保证数据的隐私性，在分布式深度学习领域，同态加密技术经常被用于参数加密。安全多方计算技术是指在无可信第三方的条件下多方参与者安全地计算一个约定函数的问题，主要目的是在计算过程中保证各方输入独立私密，不泄露任何本地数据，保护私有集合交集（private set intersection）是安全多方计算的一个重要研究分支。

如今，多方数据联合参加机器学习的模式日益增多。出于数据资产安全的考虑，机构或企业之间难以进行原始数据的交换。因此，需要多方在不泄露各自数据隐私或机密的前提下完成模型训练与推理。通常，机器学习领域把这类学习形态称为联邦学习（federated learning）。上述技术被普遍应用在联邦学习中，以促进不同机构在保护各自数据隐私的前提下实现更大范围的合作，使得联合后的超大规模数据真正成为下一个 10 年智能技术发展和应用的动力来源。

四、重置："新石油"的国家版图

英国数学家克莱夫·汉比将数据称为未来的"新石油"。在智能时代，数据是战略性和基础性资源，是新的生产要素，也是重要的生产力，谁能持续获取和掌控数据、拥有传播数据的通道，谁就可能在未来的全球竞争中占据主导地位。近年来，世界主要国家围绕数据制定了一系列战略，正在积极构建全新的数据版图。

（一）开疆辟域

我们正处在一个数据井喷的年代，各行各业、各类设备每天都在产生巨量数据，而且数据量正在呈现爆发式增长的趋势。根据国际权威机构的统计和预测，全球年均数据产生量预计将从 2020 年的 64 泽字节增长到 2025 年的 175 泽字节和 2035 年的 2142 泽字节。

这些从人类社会、物理世界以不同形式不断涌现出的海量数据，已经成为国家经济发展和竞争力提升的新引擎，在促进社会创新、驱动技术革命和社会变革的同时，催生了一个无形而庞大的数据空间，进而塑造出一种全新的疆域形态——数据疆域，使得国家疆域形态变得越来越立体和多样化。数据疆域与陆、海、空、天等实体疆域一样，承载着现实的国家利益，是国家主权的新疆域。当前，各国政府和国际组织已充分认识到数据疆域的战略价值与重要性，纷纷制定相关战略，将构建数据疆域、充分开发利用数据资源作为夺取新一轮竞争制高点的重要抓手。

美国作为世界上最早开发和运用信息技术的国家，依托其在全球互联网领域的主导地位，实施了长时期、大规模的数据积累，并凭借技术优势和先进的数据传播通道，在全球范围内建立起强大的数据制权。美国政府认为数据对于国家经济增长、提高联邦政府效率至关重要，为此明确了"跨机构优先"的目标，重点是将数据资源作为一项战略资产来利用。2019 年 6 月，美国政府正式出台首个全体系范围的《联邦数据战略》①。该战略以政府数据治理为主要视角，勾勒了联邦政府未来十年的数据愿景，核心目标是将数据作为战略资源开发，确立了联邦政府管理和使用数据的基本框架，从国家层面营造数据驱动的文化氛围，并在此基础上通过年度"行动计划"动态贯彻实施战略，确定每年需要采取的关键行动。[63]《联邦数据战略》为美国政府的未来工作提供了重要指导，为充分发挥联邦数据的价值奠定了基础，对美国未来的经济发展具有重大意义。

---

① 《联邦数据战略》的中英文全称为《联邦数据战略——数据、问责制和透明度：为未来创建数据战略和基础设施》(*Federal Data Strategy——Data, Accountability, and Transparency: Creating a Data Strategy and Infrastructure for the Future*)。

欧盟委员会认为数据技术已经改变了经济和社会，数据将成为有待开发的经济增长源泉和创新来源，数据驱动型创新将引发新的变革，欧盟要在数据经济中取得领导地位，就必须立即采取行动，以协同一致的方式应对数据相关问题、完善数据治理结构。2020 年 2 月，欧盟委员会发布《欧洲数据战略》（*A European Strategy for Data*）。该战略提出了欧盟未来五年构建并完善数据经济所需的政策措施和投资战略，目标是创建一个单一的欧洲数据空间并面向世界开放，支持建立欧洲工业（制造业）、医疗健康、金融、能源、农业、技能、公共管理等共有数据空间，推动国际数据流动与合作，利用数据促进经济增长、创造价值，确保欧盟成为数据驱动型社会的榜样和领导者，并在数据经济中跻身世界前列。[64]

英国政府认为，数据是驱动世界经济发展的重要力量，并在新冠疫情期间成为维系政府、企业和公共服务运行的生命线。2020 年 9 月，英国政府发布《国家数据战略》（*National Data Strategy*），确定了五项优先任务。①释放整个经济中数据的价值。数据是非常宝贵的资源，但缺乏有效的获取和应用，导致其价值未被充分释放，因此英国的首要任务是促进数据在整个经济中可用、可访问和可获取。②建立有利于增长和受信任的数据制度。要在英国建立一套数据制度，帮助创新者、企业家负责任和安全地使用数据，促使公众在数字经济中扮演积极的角色，并对数据的使用方式充满信心和信任。③转变政府对数据的使用以提升效率和改善公共服务。推动政府数据管理、使用和共享方式的重大改进，并对创建数据基础设施予以支持。④确保数据基础设施的安全性和弹性。数据所依赖的基础设施是重要的国家资产，需要保护其免受安全风险或面对风险时保持弹性应对。⑤倡导国际数据流动。跨境数据流推动了全球经济增长，英国将与国际伙伴合作，确保数据不受国界和不适当的监管制度限制，充分发挥其潜力。[65]《国家数据战略》旨在推动更好、更安全及更具创新性的数据使用，从而促进数字行业和经济增长，改善社会和公共服务，使英国成为新一轮数据驱动创新浪潮的领导者。

中国非常重视数据在推动经济发展和社会变革中的重大作用，面对数据技术产业的发展与挑战，加快了探索和布局。2016年3月，《中华人民共和国国民经济和社会发展第十三个五年规划纲要》正式提出"实施国家大数据战略"[66]，推动了数据产业全面快速发展。2020年4月发布的《中共中央 国务院关于构建更加完善的要素市场化配置体制机制的意见》，将数据和土地、劳动力、资本、技术并列为五种生产要素。[67]2020年5月发布的《中共中央 国务院关于新时代加快完善社会主义市场经济体制的意见》，进一步提出"加快培育发展数据要素市场，建立数据资源清单管理机制，完善数据权属界定、开放共享、交易流通等标准和措施，发挥社会数据资源价值"[68]，标志着数据要素市场化配置上升为国家战略，对国家现代化治理体系和未来经济社会发展产生了深远影响。

随着众多国家战略思维的转变和数据战略的加紧实施，数据疆域的形态得以确立，国家之间对数据的控制与争夺日渐激烈，随之而来的是传统数据管理模式面临严峻挑战，数据跨境流动及安全问题日益凸显。因此，亟需构建国家数据疆域治理体系，强化国家对数据的监管、权利保护和跨境治理，在维护国家数据安全的同时，推进数据治理管辖国际合作，共同释放数据的价值与潜力。[69]

（二）必争之地

数据开启了一场重大的时代转型，在推动经济发展和社会变革的同时，对军事领域产生了重大而深刻的影响，正在催生新的战争制胜机理、战斗力生成模式和武器装备形态，正在前所未有地激发创新活力、助推转型发展，成为世界主要国家构筑军事优势的重要着力点。

2020年10月，美国国防部发布《国防部数据战略》[①]，提出国防部将成为"以数据为中心的机构"，并将数据作为夺取未来战争胜利的重要决定力量。该战略指出，国防部缺乏数据管理，无法确保指挥官、作战人员、决策者与任务伙伴以实时、可用、安全、互连的方式获取或访问可信的关键数据，阻碍了迅捷和恰当行动的执行。因此，国防部必须改进数据管理，实现数据的作战化，增强国防部在大国竞争时代的作战和取胜能力，提升驾驭数据的能力并获得新的战略战术机遇。《国防部数据战略》重点关注联合全域作战、高层领导决策支持和业务分析三个方面，聚焦数据可见、可访问、可理解、可链接、可信、可互操作和安全七大目标，强调接受新的数据驱动理念，利用数据在战场上取得优势，利用数据改进管理工作和推动各层级的明智决策，并要求国防部的所有领导将数据作为一种武器系统来对待。[70]《国防部数据战略》并不是孤立出现的，而是《国防部数字现代化战略》（*DoD Digital Modernization Strategy*）的关键组成部分。数据战略的正式出台，表明数据在美军现阶段转型发展和数字现代化进程中居于重要地位，数据问题已经"上升到国防部战略层面予以顶层规划"。[②]

---

① 《国防部数据战略》的中英文全称为《国防部数据战略：释放数据推动国防战略》（*DoD Data Strategy: Unleashing Data to Advance the National Defense Strategy*）

② 武牧. 美《国防部数据战略》解析. 军事文摘，2021(1): 7.

2021年5月，英国国防部发布《国防数字战略：构建数字主干，释放国防数据的力量》（*Digital Strategy for Defence: Delivering the Digital Backbone and Unleashing the Power of Defence's Data*），指出无处不在的数据正在改变战争和政治的特性，为了在持续竞争的时代实现国防目标，必须采取新的方法来把握颠覆性技术带来的机遇。该战略指出，英军在利用新兴技术方面还没有形成快速机制和规模化，因此存在一些关键性的问题：一是仍然深陷于工业时代的流程与文化；二是核心技术过于分散、脆弱、过时且缺乏安全性；三是数据固定在信息孤岛中，难以访问和集成；四是存在严重的数字技能差距。为解决这些问题，英国国防数字战略提出了建设国防数字主干的总体设想，即一个由人员、流程、数据和技术结合而成的生态系统，从而达成释放国防数据力量的目标。英国国防部认为，数据在现代战争中既是一种进攻性武器又是一种防御性武器，因此期望通过实施国防数字战略，使得前线部队能够实时访问所需要的来自整个战场空间和业务空间的数据，能够基于数据分析和人工智能推动形成新的洞察力与理解，从而更快地掌握态势和做出决策，实现作战能力的转变以保持领先于对手。[71]

近年来，数据正日益成为军事领域各个流程、各类算法和武器系统的"燃料"，正在积极推动思维、模式和方法的转变，数据和智能正如一枚硬币的两面，成为未来军事变革的新引擎。为此，美国国防部、英国国防部等聚焦数据陆续发布了一系列政策规划和战略文件，不断强化军事领域的数据建设、管理和运用，力争在激烈的军事竞争和对抗中提升数据能力，通过积聚和夺取数据优势，进而获取军事优势。

第四章
算力：智能之翼

物质孕育智能。

——迈克斯·泰格马克

人工智能算法的训练和推断是复杂的计算过程。一直在驱动智能之舟前进的是算力。在追求性能极致的今天，我们对算力的渴求几乎是靡所底止的。2020 年，OpenAI 在一个报告中指出："从2012 年开始，人工智能训练中所需要的算力呈几何增长之势，每3.4 个月就会翻一番。"[72] 以 GPT-3 模型为例，OpenAI 为一次模型训练所付出的计算费用高达 460 万美元。[73] 在可以预见的未来，人工智能模型训练计算将会是商业巨头、政府部门、军事机构的刚性需求。商品推荐、广告竞标、新药研发、交通调度、安全研判、态势感知一刻不停地需要算力的支持。没有算力，一切重塑秩序的期望都是镜花水月。

一、成长：戈登·摩尔的预测

算力从何而来？我们首先想到的一定会是芯片。我们最熟悉的莫过于 CPU 芯片。半个多世纪以来，我们总是把 CPU 能力的增长等价于算力的增长：新一代 CPU 的晶体管集成度和主频更高，计算速度也更快。每一年，我们都期盼着更好的 CPU，仿佛计算领域可以永远地"快"下去。

说到这里，我们就不能不提集成电路产业界大名鼎鼎的戈登·摩尔。1929 年，摩尔出生在美国加利福尼亚州旧金山市，他在大学的专业是化学，但是他的人生经历却几乎是半导体和集成电路的发展史。1954 年从加州理工学院博士毕业后，摩尔曾经在半导体之父、诺贝尔奖获得者威廉·肖克利创立的肖克利半导体实验室工作，后来和七位同事（业界合称"八叛逆"，图 4-1）因为不满肖克利的某些工作方式，愤而离开肖克利半导体实验室，开始了一段伟大的创业之路。"八叛逆"一起创立了仙童半导体（Fairchild Semiconductor）公司，开发了世界上第一块硅基集成电路。公司所在地后来被称为"硅谷"。1968 年，摩尔和"八叛逆"之一的罗伯特·诺伊斯创立了英特尔公司，并多年担任董事长和首席执行官。

图 4-1 "八叛逆"合照
从左至右分别是摩尔、谢尔顿·罗伯茨、尤金·克莱尔、诺伊斯、维克多·格里尼克、朱利亚斯·布兰克、金·赫尔尼和杰·拉斯特

摩尔最出名的是他的一次预测。1965 年 4 月 19 日，他在《电子学》（Electronics）杂志上发表了一个在当时看来颇有些大胆的"定律"——摩尔定律（Moore's law），即集成电路上可容纳的晶体管数目每年会增加一倍[①]。这是一个惊人的指数增长。

---

① 摩尔定律在1975年有过一次修正。在向电气与电子工程师协会（IEEE）国际电子组件大会上提交的论文中，摩尔把"每年增加一倍"修改为"每两年增加一倍"。

集 成 电 路

集成电路（integrated circuit，IC）是实现在一片半导体平板（通常为硅板）上的一组电子电路，也称为单片集成电路、芯片或微芯片。

集成电路被用于绝大多数电子设备。最初的电路采用的是分立晶体管的技术路线。由于集成电路具有批量生产、成品可靠、设计标准、体积小、成本低等优势，分立晶体管迅速被集成电路取代。如今，现代社会结构中不可或缺的计算机、移动通信设备和其他数字电器，也被认为是建立在集成电路的基础之上。自20世纪60年代问世以来，越来越多的金属氧化物半导体场效应晶体管（MOSFET）被安装在相同尺寸的芯片上，芯片的尺寸、速度和容量已取得飞速进步。这些进展大致遵循了摩尔定律。

集成电路的主要缺点是设计和制造所需的光掩模成本较高。因此，只有在预期高产量的情况下，集成电路制造才具有商业可行性。

那么，晶体管的数量增加一倍又如何呢？这点必须结合另外两件事情来一起说明。第一件事情是摩尔的同事、英特尔公司首席执行官大卫·豪斯指出晶体管的数量越多速度越快。他预测了芯片性能的提升速度，认为每过18个月，芯片的性能会提高一倍（即更多的晶体管使其更快）。另一件事情也是一个有名的定律，称为"登纳德缩放定律"（Dennard scaling），由 IBM 沃森（Watson）中心的罗伯特·登纳德博士提出。这个定律预测晶体管的功耗会随着尺寸变小而同比变小，使相同硅片面积下的总功耗保持不变。该定律同时也指出，晶体管尺寸缩小所带来的静态功耗下降，能够抵消频率提高所带来的动态功耗增长，所以设计者可在缩小晶体管尺寸的同时，通过提高芯片的时钟频率来提升性能。

　　显然，摩尔定律并不是一个真的定律：它既不是物理定律，又不是自然界的规律，只是对现象的观测或对未来的推测。摩尔自己也说："我写那篇文章时，只是想反映一个局部趋势。"[74] 他自己也在不断地修正自己的观点，10 年后（即 1975 年），摩尔在 IEEE 举办的国际电子设备大会上分析了芯片上的晶体管数量如何实现翻倍这个问题。摩尔认为有三个因素促成了这个趋势：晶体管尺寸的减小、芯片面积的增加及"器件的聪明度"——工程师能在多大限度上减小晶体管之间的未使用空间，从而提高空间利用率。半个世纪以来，半导体工业似乎一直在见证摩尔的预言，个人计算机、互联网、智能手机等技术的改善和创新似乎都在摩尔定律的控制之下。这个时期被称为"享受摩尔红利的时期"。

（一）终结之境

　　如果摩尔定律永不终结，那么计算能力的成长也将永无止境。从这个角度来看，对于任何计算规模的智能模型，似乎我们都可以无忧地等到芯片能力匹配的那一天。然而，理想很丰满，现实却很骨感。无数事实似乎在表明我们可能快要走到摩尔定律的尽头了。

　　从技术的角度来看，登纳德缩放定律已经走到了尽头。当晶体管尺寸下降到纳米级的时候，会出现量子隧穿等现象，导致晶体管漏电，使得晶体管的静态功耗不减反增，功率密度上升，散热问题加剧。目前，主流 CPU 的主频都停留在 3 吉赫左右。这意味着摩尔定律难以继续带来性能提升的红利。摩尔在接受 *IEEE Spectrum* 记者采访的时候，提到著名物理学家史蒂芬·霍金曾经在一次演讲中谈及集成电路的极限问题。霍金认为，现有集成电路性能上限有两个影响因素，一个是光的有限速度，另一个是材料本质上的原子性。

摩尔在采访中坦承："我们现在已经非常接近原子的极限了。我们利用了所有可以提升速度的技术，但是光的速度限制了性能的提升。这些是基本原理，我不知道我们将如何绕开它。"[74]

从经济的角度来看，集成电路研制费用的增长是指数级的。1995 年，摩尔在一篇文章中说道："最使我担忧的是投入的花费……这是另一个指数。"[75] 伴随着每一代新产品到来的，还有大幅增长的研发、制造和测试费用，这被称为"摩尔第二定律"，即在集成电路上的资金投入也会随时间呈现指数增长。1966 年，建设一个全新的半导体基础设施需要投入约 1400 万美元经费，这一数字在 30 年后达到 15 亿美元。英特尔公司创办时的总投资只有 300 万美元，仅仅数十年后，这些钱已经难以买下一套芯片制造设备，甚至还不够一套设备的安装费用。基础设施的资金投入如此巨大，对半导体的发展无疑是沉重的枷锁，而一旦无利可图，摩尔定律就很难走下去了。

爱因斯坦曾这样说过："工程师创造的是前所未有的。"[76] 尽管包括摩尔在内的业界人士不止一次地预言集成电路前进的速度将趋饱和，甚至直接指出摩尔定律在下一个十年或将终结。然而，技术仍然在进步。正如加州理工学院教授卡弗·米德在 2015 年所说的："将晶体管盲目缩小到更小尺寸的做法不会永远持续下去，但这并不意味着构建更复杂、功能更强大的电子系统的现象即将结束。有大量非常聪明的人一直在挑战极限。"[77] 这可能就是工程技术的魅力所在。也许在不久的将来，工程师们会创造出新的定律。

（二）定制之美

计算机科学家艾伦·凯曾经说过一句话："如果你很在意自己的

软件，那么你就应该定制属于自己的硬件。"[78]摩尔定律失效并没有使计算机科学家失去持续提升算力的信心。计算机体系结构专家约翰·轩尼诗和戴维·帕特森在2017年国际计算机学会（Association for Computing Machinery，ACM）图灵奖颁奖典礼的演讲中提到，随着摩尔定律的结束，我们进入了一个计算机体系结构的黄金时代。对于编译器研究来说，这也将是令人兴奋和有影响力的一段时间。[79]

这两位图灵奖获得者的潜台词是，在摩尔定律结束的时代，我们将以硬件为中心，针对特定问题领域设计新的架构，并为该领域提供更优良的算力提升。这类名为"领域特定架构"（domain specific architecture，DSA）的处理器是专门针对某个特定领域定制的可编程处理器。从这个意义上讲，它不同于"专用集成电路"（application specific integrated circuit，ASIC），后者通常针对单一用途固化了功能，灵活性低。DSA通常也被称为加速器，因为它可以加速某些应用程序。我们经常在智能应用中见到的GPU就是一类可以用于深度学习的DSA。轩尼诗和帕特森在获奖演说中讨论了DSA可以实现更高性能和更好能效的原因。他们认为，DSA可针对特定领域采取更为有效的设计。例如，可以在并行计算方面采用比多指令多数据（multiple instruction multiple data，MIMD）更高效的单指令多数据（single instruction multiple data，SIMD）技术；可以更高效地利用内存层次结构；可以在够用的情况下采用较低的精度做运算；等等。

在《计算机体系结构的新黄金时代》（*A New Golden Age for Computer Architecture*）一文中，两位图灵奖获得者以第一代谷歌公司的张量处理器（tensor processing unit，TPU）为例介绍了

DSA：谷歌 TPU 的组织结构与通用处理器截然不同；它的主要计算单元是矩阵单元（即脉动阵列结构），该结构在每个时钟周期提供 256×256 的乘法累加；由于系统设计采用了脉动阵列，使用了 8 位精度和 SIMD 控制，并且将大量芯片区域专用于这个功能，每个时钟周期的乘法累加次数可以达到通用单核 CPU 的 100 倍；谷歌 TPU 使用 24 兆字节本地内存，不用本地缓存；内存尺寸大约是 2015 年具有相同功耗的通用 CPU 的两倍大小。[80] 此外，激活系数存储器和权重系数存储器（包括保存权重系数的 FIFO 结构）都通过用户控制的高带宽存储器通道连在一起。这些特性保证了谷歌 TPU 的性能。此后，谷歌公司推出了第二代和第三代的 TPU，性能有了大幅度提升。

谷歌公司的研究小组用 TPU 求解了 6 个常见推理问题，结果发现计算性能的加权算术平均值比通用 CPU 要快 29 倍。由于谷歌 TPU 所需的功率不到一半，因此它的能效比通用 CPU 高 80 倍以上。自 2015 年开始生产以来，谷歌 TPU 的应用范围先后涉及搜索查询、语言翻译和图像识别，最后应用于著名的 AlphaGo 和 AlphaZero。

最后我们用一组 AlphaGo 的数据来说明 DSA 的加速能力。2015 年，在和樊麾对局的时候，AlphaGo Fan 使用了 176 块 GPU；在和李世石比赛的时候，AlphaGo Lee 只使用了 48 块 TPU；到了和柯洁比赛的时候，AlphaGo Master 只用了 4 块最新的 TPU。这个效率非常惊人。

二、融合：碳基 + 硅基的双脑

现在让我们回顾一下人脑和机器这两种不同智能计算系统的差异，看看科学家对智能算力的普遍认识。首先，如果你认同大多数计算神经学家的看法，那么应该倾向相信人脑本质上也是一种计算机。确切地说，人脑是一种碳基的计算装置。在过去的几十年里，许多计算神经学家甚至相信人脑的运行模式完全等同于图灵提出的基于穿孔纸带和有限符号集的状态机。作为一种图灵机的实现，现代计算机是硅基的计算装置。直觉告诉我们，硅碳之别也许没有那么大。

同时，如果你不是一个智能设计论者[①]，那么你应该承认人脑是一个经过自然进化得到的思维计算装置。在进化过程中，人脑逐步发展，不断适应环境需要，最终超越其他碳基同类，遵循了一种经验性的自生自发秩序。现代计算机是一种典型的理性设计产物，从诞生起就有确定的理论模型和方法论。建构在现代计算机技术之上的人工智能也必然带有鲜明的理性设计色彩。两者孰优孰劣？对于像人脑这样的基于自生自发秩序长时间演化而成的生命体结构，人类设计的非生命体的机器可能在较长时间内难以替代，反之亦然。也许，这正是"双脑"差异的本质原因，也是两者融合的基础。

（一）碳硅殊途

从现象上来看，人脑与现代计算机的计算性能表现确有不同。经过特殊设计和编程的计算机在一些智能任务中战胜了人类的顶尖高手，然而在许多日常任务中，尽管人脑的运算既不快又不精确，但是人类还是可以完胜计算机，如恶劣条件下的对象辨识、复杂场景的手眼协同等。此外，在概念化和想象力等高级认知方面，人脑

---

① 智能设计是相对进化论的一种生命起源假设。智能设计论者认为，在自然系统中，有一些现象用无序的自然力量无法充分解释，以及一些特征必须归结于智能的设计。

更是胜出得毫无悬念。

事实上，碳基的人脑是自然界中的一个神奇存在。人脑和其他哺乳动物的脑结构相似。但是，较之相同体型的哺乳动物，人脑的容量要大得多。此外，与其他哺乳动物不同的是，人类的大脑容量在幼儿时期已经和成年人类似了。现代生物学告诉我们，人类的大脑包含 500 亿～ 1000 亿个神经元（细胞），其中约 100 亿个神经元是皮质锥体细胞。多达 1000 万亿个突触连接在细胞之间传送神经信号（图 4-2）。尽管人脑的运算频率约为 100 赫兹，每秒钟神经信号只能传播几米，功耗只有约 20 瓦，但是它在某些特定的计算上具有

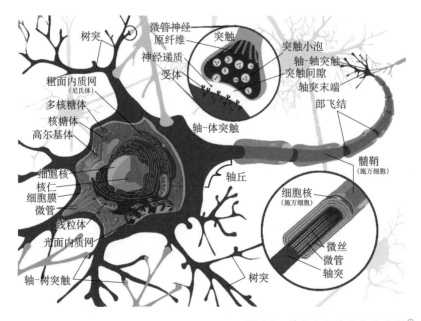

图 4-2　神经元细胞结构示意图 [①]

---

① 图片来源：LadyofHats. File:Complete neuron cell diagram en.svg. https://commons.wikimedia.org/wiki/File:Complete_neuron_cell_diagram_en.svg#mw-jump-to-license[2023-03-20].

绝对的算力优势。例如，有研究表明，如果按照在大型随机图上的每秒遍历边数（traversed edges per second，TEPS）来进行比较，人脑的速度比现有的超级计算机高出一个数量级。[81]

大脑的思维计算功能很早就被人类所认知。公元前 5 世纪，古希腊哲学家、医生阿尔克迈翁通过解剖发现视神经通往脑部从而形成了视觉。他认为，眼、耳、鼻都与大脑连通，因此人体的智力中心应是大脑而非心脏。公元 2 世纪，古罗马医学家克劳狄乌斯·盖伦通过解剖可以辨认出 7 对脑神经及其功能。他认为，脑室系统为最高的神经中枢、意识产生于脑。中国古代科学家对大脑也有丰富的了解。早在西汉时期，《黄帝内经·灵枢》中即有"脑为髓之海"的记述。在明代医药巨著《本草纲目》中，李时珍更是指出"脑为元神之府"。

生物脑的出现和进化

脑是独一无二的器官，它通过传输信号管理着生物体对外界的反应。根据科学家的推断，第一个有证据的大脑结构出现在 5.21 亿年前。然而在大约 8.5 亿年前，生物体早已有了传输电信号和化学信号的能力。细菌这样的单细胞生物存在一些大分子蛋白质，能够有选择地允许特定离子（即带电荷的分子）出入细胞。多细胞生物利用细胞膜上的蛋白进行彼此的交流。大约在 6 亿年前，一些动物进化出了神经细胞和更好的交流结构：两个神经细胞之间的关节——突触。神经细胞同时拥有离子通道和突触，较松散地组成了网状神经，足以支持简单的捕食行为。

具有网状神经的动物从一类发展成三个完全不同的族群——头足纲、腹足纲和双壳纲，它们分别进化出自己的"脑"。大约在 5 亿年前，脊椎动物的祖先开始分化出脑区，形成了不同的脑功能。在大约2亿年前，大脑皮层开始出现了，智能也随着慢慢涌现出来。6500万年前，灵长目动物的祖先开始进化出复杂的大脑视觉皮层和扩大的前额叶区，以适应变化的环境。从进化上来讲，前额叶是最晚发展出现的皮质结构之一，主要负责高级认知功能，如关注、思考、推理、决策、执行任务等。前额叶区的出现标志着灵长目动物拥有了更强的信息整合与处理能力，而人类的出现则使得脑的进化迈向一个新的高度。

计算机科学家更是将人脑作为人工智能的生物原型。1950年，图灵在论文《计算机器与智能》中提出，"真正的智能机器必须具有学习能力，制造这种机器的方法是：先制造一个模拟童年大脑的机器，再教育训练。"[①] 尽管图灵生活的时代没有核磁共振成像这样的探测技术，人们无法更细致地了解大脑的构成，但是"天然"自动机（即人脑）的特性一直是驱动人类发展和改进人造自动机（即计算机）的巨大动力。

现代计算机之父冯·诺依曼在研究"计算机能否思考"这个问题时，试图用一种虚拟化的观点来阐述人脑和计算机之间的等价性，即从功能上找到彼此的对应关系。

冯·诺依曼在离散变量自动电子计算机（EDVAC）的设计草案（图4-3）中指出，计算机最基础的五个部件在本质功能上都能在人脑中找到对应物，这样也就粗略地证明了人脑可以做计算机能做的每件事情，即人脑可以虚拟化计算机。冯·诺依曼设计的计算机体系结构中有一个抽象模拟神经元的基础部件——E-element，可以像

---

① 黄铁军. 也谈强人工智能. 中国计算机学会通讯，2018，14(2)：47-48.

神经元一样接收来自兴奋性或抑制性突触的激励。一旦激励超过阈值，E-element 就会向连接的其他同伴放电，将信号传导出去。这个抽象设计实际上和人脑的机制已经非常类似了。冯·诺依曼设想用两个真空管来搭建每个 E-element，用导线连接来模拟突触。基于这个设计，通用计算机的五个部件可以用这样的 E-element 搭建出来，并且基于每个神经元的延迟值可以估计出各个部分的延迟和所需的单元数。冯·诺依曼就这样用"电子大脑"刻画了计算机到人脑的对应关系。

图 4-3　冯·诺依曼和《EDVAC 报告书的第一份草案》

反之，大脑的功能在计算机端是否有对应物，即计算机是否可以虚拟化人脑，一直没有明确的答案。目前我们能确切了解到的知识是，生物神经元放电中的电位变换过程是可以通过数字逻辑来进行建模的。这个理论是心理学家麦卡洛克和数理逻辑学家皮茨于

1943 年共同建立的。基于上述理论，麦卡洛克和皮茨利用逻辑门电路来模拟神经元，并验证了这些数字式神经元可以完成图灵机所能完成的所有计算任务。之后的进一步研究发现，这些近似的神经网络模型能够模拟层次更加复杂的生物计算。然而，由于我们对人脑的真正结构和工作原理尚不十分清楚，对情感、灵感、创意、意识等功能性现象如何"分解"为不同的生物神经元放电过程并不完全了解。因此，我们难以找到真正的对应关系，也难以确认两者的等价性。

随着研究的不断深入，人们在碳硅差异方面有了更加深刻的认识，对于发展新一代智能算力越来越具有指导意义，一般有以下几类观点。

一是参考人脑构建新算力架构。这种观点可以被粗略地称为"神经拟态计算观"，即以人脑为样板，选择结构和功能模拟技术路线，使用微纳器件来模拟神经元和神经突触，仿照大脑皮层神经网络及感知器官等构造出仿生神经网络，形成新的算力。2015 年，剑桥大学的科学家丹尼斯·布雷在《自然》（*Nature*）上撰文指出，由于没有人知道如何在人造机器中重现人脑功能中的任何一项，因此我们必须思考在设计机器的大脑——芯片时遗漏了什么重要的东西。他认为，人脑在很多方面和现代计算机有显著不同：首先，不同于计算机按因果关系的线性链运行方式，人脑以循环运行的方式来回发送和接收信号；其次，与计算机的软件和硬件不同，心智和大脑并非截然不同的实体；再次是化学的问题，脑细胞不仅处理传入的感官信息，而且会产生微妙的生化变化，同时脑细胞柔软且富有延展性，由无限多样的大分子物质构成，这一点也与硅芯片完全不同。布雷认为，生物体可以用不同的细胞状态编码过去的经验，对于人类来说，这些是目标导向运动和自我意识的基础，也许基于类细胞组件构建的机器才会更像我们人类。[82]类似的观点出现在美国工程院院士杰夫·霍金斯的《智能时代：当所有的机器都能学习思考，我们的生活会如何改变》（ *On Intelligence: How A New Understanding of the Brain Will Lead to the Creation of Truly Intelligent Machines* ）一书中。他用一个称为"100 步法则"的思维实验挑战现有的计算模型：一个神经元约在 5 毫秒内完成从突触中收集信息、结合起来再输出电脉冲的过程，而一个人可在半秒（500 毫秒）内识别图像。这意味着，进入大脑的信息最多只穿过 100 个神经元长度的链条；而用现代计算机模拟的深度学习模型，需要进行数以万亿次的计算，远超 100 步。因此，霍金斯否定了现有的计算架构和模型，提出了一种称为"记忆-预测"的计算框架。

二是正视差异，发展新的适应策略。这种观点认为，我们对人脑的运行机理还知之甚少，因此即使我们能够描述清楚每个神经元，也不代表能把大脑的工作过程精准地模拟出来，更不用说获得智能了。毕竟，即便是真正的人脑也无法先天拥有一些基本的智能能力（如语言），还需要通过有效的学习才能获得，而这个学习过程对于我们来说仍不完全清楚。因此，我们应该正视人脑和计算机在算力上的差异，发展新的智能策略。杨立昆在讨论深度学习模型的时候也谈道："我最不喜欢的描述是'它像大脑一样工作'。"[40]背后的原因是，现代计算机与大脑的工作机理并不一致，将机器学习的过程与大脑思维的过程进行类比并不恰当，容易引起公众的误解。2015 年，无比视（Mobileye）公司的创立人之一、以色列希伯来大学教授艾农·萨苏华在《自然》上撰文提出，人脑和计算机之间的两个根本区别是存量和处理速度。他认为，层次化结构的人脑通过分级并行来弥补其传输速度慢的劣势。相对而言，扁平化计算机的计算结构由于时钟频率更快，更适合实施蛮力破解的算法。因此，他认为计算机比人脑更适合规则性强、可枚举的任务，如国际象棋。他的观点反映了计算机科学领域的一些共识，即人脑和计算机在结构上的巨大差异，以及由此产生的算力特性差异应该最终反映在实现智能的策略上，而不是改变现有的算力结构。

（二）同归一体

近年来，人工智能领域开始探索一个新的问题：是否可以建立一个兼具人脑的感知、记忆、推理、学习能力，以及计算机的信息存储、搜索、计算、整合能力的新型智能计算系统。我们可以将它称为混合智能（cyborg intelligence，CI）系统。从混合方式来看，混合智能系统可以采用补偿、替代和增强等方式。其中，补偿是指生物和机器智能体通过互相补偿的方式提升能力；替代是指生物单元与机器智能单元相互替换；增强是指融合双脑后实现特定功能的提升。

补偿是混合智能的实践中最早出现的。早在 2007 年，美国卡内基梅隆大学的 reCAPTCHA 项目就利用了这种混合智能的思想。该项目让人类来辨识那些无法被光学字符识别（OCR）技术准确识别的文字图像，从而利用人脑的识别能力得到正确的反馈。与此同时，人类的识别结果反过来被用于提高机器识别的能力。另外一个类似的例子是美国华盛顿大学开发的蛋白质结构预测游戏 Foldit。虽然蛋白质结构已经被人类所理解，但是用计算机来求解肽链如何折叠成三维蛋白质结构则计算难度很高。Foldit 试图利用人脑的三维图形匹配能力帮助机器完成这个任务，通过提供一系列教程，引导用户操纵简单的类蛋白质构造，同时定期发布以真实蛋白质结构为基础设计的谜题，吸引用户以游戏的方式解题。Foldit 还试图通过分析人类的直觉思考途径，改进机器的算法。2010 年《自然》子刊《自然·结构与分子生物学》（*Nature Structural & Molecular Biology*）中的一篇论文①指出，57 000 名Foldit游戏参与者提供了有效的结果。

混合智能的另外一类实践源于替代的想法。2019 年，《自然》子刊《自然·机器智能》（*Nature Machine Intelligence*）在封面登出了瑞士洛桑联邦理工学院研发出的一种全新的机械臂控制方法。这项研究的目标是为截肢者提供准确操纵机械手的能力。研究人员提出了一个"共享控制"（shared control）的概念来实现混合智能的肢体控制，本质上是让人类和计算机利用各自所长协同控制机械手的每个手指，具体分工为：在需要高灵活性时，由人类负责控制机械手完成动作；在需要高鲁棒性时，由计算机进行控制完成动作。该项研究吸收了 3 名截肢者和 7 名健康受试者参与概念验证试验并获得成功。

增强是混合智能的又一种形式。2018 年，中国科学家构建了视听觉增强的大鼠机器人。该工作将计算机的视听觉识别能力"嫁接"到大鼠身上，实现复杂环境中大鼠机器人的精确导航，达到以机器智能增强生物智能的目的。生物体和机器在感知能力上各有优劣。机器某些具有优势的感知能力，可以弥补生物体自身的不足。研究团队将计算机视觉理解、计算机语音识别这两种机器智能感知方式融合到大鼠生物体，建立了听视觉增强的脑机融合混合智能原型系统。

混合智能信息处理包含两个方向：机到脑是外部信息输入方向，

① 论文的中英文名称为"蛋白质折叠游戏玩家解开的单体逆转录病毒蛋白酶的晶体结构"（Crystal Structure of A Monomeric Retroviral Protease Solved by Protein Folding Game Players）。

脑到机是脑信息读出方向，从而形成了脑在回路的信息处理过程。从生物智能体读出的信息包括功能性磁共振成像（functional magnetic resonance imaging，FMRI）、脑电图（electroencephalogram，EEG）、脑磁图（magnetoencephalography，MEG）、局部场电位（local field potential，LFP）、锋电位信号（spikes）和光学成像等。外部信息输入方法包括磁刺激、电刺激及光遗传学（optogenetics）等。其中，磁刺激是无创刺激方式，电刺激可以建立一系列多层次的信息输入方法，光遗传学可以实现精准定位到细胞类别的信息输入通道。

混合智能具有非常广阔的应用前景：①为肢体运动障碍与失能人士的康复提供新仪器，如融入混合智能的神经智能假肢、智能人工视觉假体等；②为神经疾病患者提供全新的治疗手段，如阿尔茨海默病患者的记忆修补、帕金森病患者的自适应深部电刺激治疗、癫痫发作的实时检测与抑制、植物人意识检测与促醒等；③为正常人感知认知能力的增强带来可行的途径，如听觉、视觉和嗅觉等各种感官能力的增强，学习记忆能力的增强及行动能力的增强等；④为国防安全与救灾搜索等提供重要技术支撑，如行为可控的海陆空动物机器人、脑机一体化的外骨骼系统、人机融合操控的无人系统等。

针对双脑的智能问题研究有不同的起点和途径，但伴随着人、机智能研究相互影响和相互促进的不断深入，有望实现两者的汇聚，启发人们从多个角度探索更强的智能。

Neuralink 的脑机接口实践

2019 年 7 月 17 日，埃隆·马斯克掌控的 Neuralink 公司对外宣布该公司研发了一款脑机接口系统。马斯克宣称，Neuralink 的最终目标是让人类"实现与人工智能的共生"。[83] 2020 年 8 月 29 日，Neuralink 对外展示了其植入活猪的技术和设备，该设备成功读取了猪大脑的活动。2021 年，Neuralink 宣称能够让猴子通过大脑植入物玩电子游戏 Pong。[84] 2023 年 5 月 25 日，Neuralink 宣布已获得美国食品药品监督管理局（Food and Drug Administration，FDA）的批准，可以开展其首次人体临床研究。Neuralink 正在构建一种名为 Link 的大脑植入物，旨在通过读取大脑活动信号并转化为外部技术指令来帮助重度瘫痪患者恢复沟通能力。该公司在一条推文中写道："这是 Neuralink 团队与美国食品药品监督管理局密切合作的令人难以置信的工作结果，代表着重要的第一步，有朝一日我们的技术将帮助许多人。"[85]

三、新质：另类算力形态

科幻小说《三体》中出现了一台人列计算机，这台计算机由 3000 万个人组成各个逻辑部件，实行有效的科学计算。在小说中，这台人列计算机运行一个称为"Three-Body 1.0"的太阳轨道计算软件，可以算出太阳运行轨道的数据。科幻作家的想象力源于计算机科学的最基本原理。达·芬奇曾说道："科学是将领，实践是士兵。"[86] 事实上，在现实世界中，无论是计算机科学的发展还是物理计算装置的演进，都可以写就一部长长的历史巨著。今天，随着物理科学的发展，超凡脱俗的算力形态还将不断涌现出来，在历史的舞台上扮演重要角色。

（一）机器学习的光加速技术

在光计算装置问世之初的 20 世纪 70 年代，光计算的技术路径主要是光模拟，即光计算不依赖逻辑门，光信号也可以互相无干扰地传输，运算可以随光信号的传播同时进行。初期的研究主要围绕图像相干处理展开。理论上，图像处理功能可以用各种滤波处理来实现，因此原则上光透过滤镜完成傅里叶变换的特性可以被用来构造滤波器。由于光通过透镜的时间几乎可以忽略不计，因此这类运算预期会极大地提高图像处理的计算效率。然而，相干处理的过程往往存在难以消除的相干噪声，导致实际应用推广面临巨大挑战，由此成为学术界非常关注的科学问题。后期的研究重点集中在非相干处理上，主要利用空间光调制器及其他器件实现方向滤波、图像编码等操作。非相干处理能够降低光的相干性、抑制相干噪声，但是仍然需要光电混合处理系统配合，最终大量的光电转换又会使计算速度再次受到限制。

20 世纪 80 年代后期，光数字计算技术逐渐成形。1989 年，美国贝尔实验室研发了最早的全光数字计算机。这台计算机的光源为激光二极管阵列，逻辑门阵列的构建使用了一种半导体光逻辑开关器件。由于集成难度高，这类全光数字计算机至今仍然难以实现商用。

2020 年，斯坦福大学、加利福尼亚大学洛杉矶分校等 6 所大学的科研人员组成的团队在《自然》发表了一篇观点论文[①]，探讨了光学计算系统在满足人工智能任务需求方面的潜力，分析了人工智能应用光学计算的前景与挑战，展示了人工智能及相关光学和光子学实现的重要里程碑（图 4-4）。其中较为瞩目的进展包括全光神经网络新架构、较传统 CPU 加速 294 倍的神经态光子网络、光电混合的卷积神经网络、全光学衍射深度神经网络、具有学习能力的全光脉

---

① 论文的中英文名称为"基于深度光学和光子学的人工智能推理"（Inference in Artificial Intelligence with Deep Optics and Photonics）。

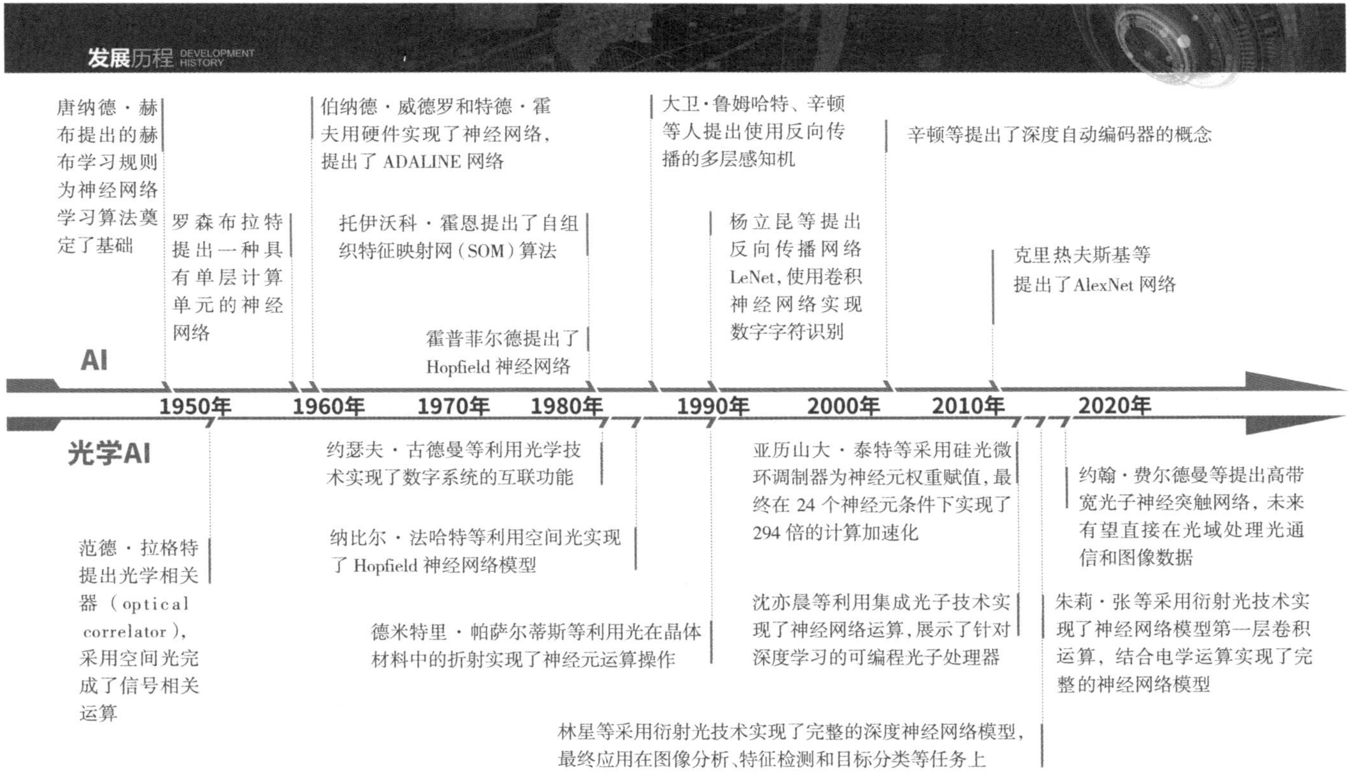

发展历程 DEVELOPMENT HISTORY

AI

1950年　1960年　1970年　1980年　1990年　2000年　2010年　2020年

唐纳德·赫布提出的赫布学习规则为神经网络学习算法奠定了基础

罗森布拉特提出一种具有单层计算单元的神经网络

伯纳德·威德罗夫用硬件实现了神经网络，提出了 ADALINE 网络

托伊沃·科霍恩提出自组织特征映射网（SOM）算法

霍普菲尔德提出了 Hopfield 神经网络

大卫·鲁姆哈特、辛顿等人提出使用反向传播的多层感知机

杨立昆等提出反向传播网络 LeNet，使用卷积神经网络实现数字字符识别

辛顿等提出了深度自动编码器的概念

克里热夫斯基等提出了 AlexNet 网络

光学AI

范德·拉格特提出光学相关器（optical correlator），采用空间光完成了信号相关运算

约瑟夫·古德曼等利用光学技术实现了数字系统的互联功能

纳比尔·法哈特等利用空间光实现了 Hopfield 神经网络模型

德米特里·帕萨尔蒂斯等利用光在晶体材料中的折射实现了神经元运算操作

亚历山大·泰特等采用硅光微环调制器为神经元权重赋值，最终在 24 个神经元条件下实现了 294 倍的计算加速

沈亦晨等利用集成光子技术实现了神经网络运算，展示了针对深度学习的可编程光子处理器

约翰·费尔德曼等提出高带宽光子神经突触网络，未来光子直接在光域处理光通信和图像数据

朱莉·张等采用衍射光技术实现了神经网络模型第一层卷积运算，结合电学运算实现了完整的神经网络模型

林星等采用衍射光技术实现了完整的深度神经网络模型，最终应用在图像分析、特征分析和目标检测和分类等任务上

图 4-4　人工智能及相关光学和光子学实现的重要里程碑

冲神经突触网络等。

从目前的进展来看，尽管现有的芯片智能计算加速器已经有了很高的灵活性，但光学计算系统在机器学习应用方面仍然具有优势，主要体现在三个方面：一是具有大规模高维并行性；二是功耗几乎为零；三是线性光学元件可以方便地完成卷积计算、傅里叶变换、随机投影和许多其他操作。然而，在可预见的未来，面向人工智能开发通用光学计算系统仍然存在巨大挑战，包括探索全光非线性计算实现方法、实现高效单元缓存、提升器件集成度等。因此，目前利用"光子计算"来完全取代"电子计算"还不现实。尽管如此，科学家把光电混合计算系统视为该领域最具前景的方向之一，混合系统把光学计算的带宽和速度与电子计算的灵活性结合起来，有望实现超高性能的智能计算。

（二）机器学习的量子计算

量子计算（quantum computation）是 21 世纪最大的科学谜题和挑战之一。"量子计算"的概念最早由美国阿贡国家实验室（Argonne National Laboratory，ANL）的保罗·贝尼奥夫于 20 世纪 80 年代初期提出。他认为，二能阶的量子系统可以用来仿真数字计算。稍后，著名物理学家理查德·费曼也对这个问题产生了兴趣并着手开始研究。1981 年，麻省理工学院举行的第一次计算物理学会议上，费曼发表相关演讲，勾勒了以量子现象实现计算的愿景。1985 年，牛津大学的大卫·多伊奇提出"量子图灵机"（quantum Turing machine）的概念，量子计算有了数学理论基础。

简单地说，量子计算机是一种利用量子力学规律实现数学逻辑运算和储存信息处理的专门机器。量子计算机中信息的基本单位是量子比特，类似于传统计算机中的比特。与比特不同，量子比特可以同时处于两个"基本"状态的叠加中，但是在测量时，量子比特会依某种概率坍缩到某个确定的状态。尽管在原理上，任何量子计算机可以解决的问题，经典计算机也可以解决，但是由于量子力学规律的特殊性，量子计算机在执行某些计算任务时比任何经典计算机都要快指数级，如加解密和物理模拟。这使得量子计算机的研究成了一个热点。

近年来，研究人员发现结合量子计算特性的新型机器学习算法可以实现对传统算法的加速，该类成果迅速引起业界的关注。人工智能领域对量子机器学习充满了期许。例如，求解线性方程组的量子算法提出者、美国麻省理工学院的塞斯·罗伊德教授有一个预言："利用量子系统在处理高维向量上的并行计算优势，可以为机器学习带来指数量级的加速，将远远超越现有经典计算机的运算速度。"[87]

应该看到，量子机器学习算法的发展还刚刚起步。一方面，实用化的量子计算机 ① 还远未实现，难以获得工程实践经验；另一方面，与传统机器学习算法相比，尚未形成完备的理论框架。目前，这个领域的大多数研究工作仍停留在计算机模拟阶段，只有极少部分提及具体的实现。然而，有理由相信，随着量子计算技术的不断发展，量子计算机将成为最重要的智能算力之一，量子机器学习研究将成为机器学习领域的一个重要方向。

四、顽存：分布式的算力架构

在人工智能的实际应用中，我们常常面临大数据和大模型任务，

---

① 这里的量子计算机是指量子比特数量有限的通用误差纠正量子计算机。

因此希望算力能够具有更好的可扩展特性：增加更多的训练节点可以实现算力的增加。在一些情况下，我们不得不使用分布在不同物理地址的计算节点来共同完成训练过程。我们通常把这种形式的算力架构称为"分布式学习（distributed learning）架构"。利用分布式计算资源增加算力、提高算力的顽存，是一个重要的技术方向。

在分布式学习架构中，机器学习任务的开展可以简要描述如下：服务器通过聚合分布式设备的算力，挖掘不同节点上的数据，完成模型的训练。因此，数据和模型在多个节点上的分布是分布式学习的核心问题之一。一般而言，常见的分布式机器学习模式主要有两种——数据并行和模型并行。数据并行的本质是并行处理数据：数据被分发到不同的计算节点进行处理。由于有多个计算节点在处理数据，因此在单位时间内可以处理更多的数据，实现了并行计算。数据并行可以处理较大规模的训练数据集。模型并行的本质是并行处理模型。相较于数据并行，模型并行更为复杂，需要把机器学习的大模型划分成很多个小模型，然后把每个小模型对应的参数、状态和计算任务分配到不同的计算节点上执行，再进行同步。模型并行可以处理单机资源无法支撑（如内存不够用）的大模型训练。理论上，数据并行和模型并行可以合并执行，从而形成更复杂的混合并行计算模型。

分布式学习架构是一个特殊的分布式架构，面临着所有分布式架构固有的问题。例如，在多个计算节点一起估计一个模型参数时，应该如何保证模型参数更新过程的一致性？在一个分布式集群上启动长时间的训练任务，如果发生节点错误，应该如何确保学习过程不被破坏？不同节点间采取何种通信方式，是同步还是异步？如何减少通信带宽？如何处理通信拥塞？机器学习任务一般均涉及数据预处理和大量的输入输出，如何为分布式集群设计合理的存储方式？集群资源的价格昂贵，一般采用多用户共享模式。假如某个用户需要用当前分布式集群执行机器学习任务 A，另一个用户需要完成机器学习任务 B，再来一个用户希望用这个集群完成机器学习任务 C，那么如何给不同的任务分配硬件资源，从而保证所有任务协调进行？这些构成了分布式学习架构的基本问题。

在作业环境严苛的领域，分布式学习架构为算力顽存提供了可能性，我们希望借由分布式的特性来减少单点故障和网络瓶颈的负面影响，并降低恶意节点的破坏及危害。去中心化和拜占庭容错是其中两种有效的技术。2020 年，美国陆军战斗能力发展司令部（Combat Capabilities Development Command）宣布研发了一种新型的分布式学习架构。[88] 对于深度学习训练，该架构比传统方法的协作性更好，并且通信效率更高，提升了分布式、去中心化、协作等能力，避免了将所有数据集中到一个中央服务器学习而面临的单点故障和难以扩展等困境。

（一）去中心化学习

对于严苛条件下的智能应用来说，最重要的问题是在不可预知的损失中保持足够的训练和推理算力。去中心化技术是一种旨在减少单点故障和网络瓶颈的组织技术，在大规模分布式学习应用中受到越来越广泛的关注。使用去中心化技术，节点有可能在学习过程中动态加入和退出，增加了系统的稳定性和弹性，对宕机错误有很好的包容性。

典型的分布式学习架构是基于参数服务器（parameter server）的中心化架构。顾名思义，这种架构中有一个或者多个互相同步的参数服务器，还有众多连接参数服务器的工作站。两种功能角色之间通过推和拉的操作进行数据交互。服务器和工作站通常分布于不同的计算节点，也可以共存于一个节点。由于基于参数服务器的架构拓扑简单且部署方便，因此成为常用的分布式学习架构。然而，在这个架构中，参数服务器容易形成数据交换的单点故障和网络瓶颈。参数服务器一旦宕机，则会对学习过程造成破坏而无法持续运行，因此难以满足顽存需求。另外，性能调优需要根据具体节点和网络情况估算服务器与工作站之间的配比，由此带来额外的管理负担。

基于环（ring）的架构原本是高性能计算领域常见的去中心化架构。近年来，它开始受到大规模机器学习研究领域的关注。顾名思义，在基于环的架构中，节点以环状形式连接，每个节点的功能没有差别。一方面，每个节点承担计算任务；另一方面，每个节点与其相邻节点进行直接的通信交互。近年来，研究人员已经开发出若干同步算法，实现快速数据同步，避免产生中心化的通信瓶颈。但是由于连接的单一性，这类架构仍然可能存在单点故障瓶颈，其中若干节点的损坏就有可能造成整个系统无法工作。因此，基于环的架构也难以适应顽存需求。

近年来，基于网格（mesh）的架构，如 Malt[89]、Ako[90]、Poseidon[91]、Biscotti[92] 等，开始走入实际应用。在基于网格的架构设计中，每个节点的功能没有差别。它们既要承担计算任务，又要与其他所有节点进行数据同步交互，因此不存在中心瓶颈，计算负载的分布也相对均匀，在很多情况下比基于参数服务器的架构具有更佳的性能表现。由于存在连接冗余性，因此这类架构的组织复杂，扩展性受到制约，大规模部署较困难。然而，正是这种冗余性使得抗击网络毁伤的能力更强，更具鲁棒性。

目前更具一般性的去中心化学习架构只要求网络连通：节点之间通过稀疏的网络发现信号更新连通信息；节点仅和相邻的节点同步参数。有些架构甚至采用一种局部化技术，即绝大多数迭代轮次只利用本地数据更新参数，维持很少轮次的通信来同步全局参数。此类去中心化技术虽然难免会以降低一部分计算性能为代价，但是却有效地避免了单点故障和网络瓶颈，成为满足多种高效计算任务的热点技术。

（二）拜占庭容错

对于分布式学习架构，算力顽存的另一个重要问题是安全性问题。近年来，分布式学习的安全性问题越来越受到人们的关注，其中最重要的就是拜占庭将军问题。这个问题源自图灵奖获得者、计算机科学家莱斯利·兰伯特于 1982 年发表的一篇论文。

拜占庭帝国的几支军队在敌方城外执行围城任务。每支军队由一位将军指挥。将军们各自处在不同方位，彼此之间只能通过信使传递信息。每位将军会根据自己所处方位掌握的敌情，给出行动建议（如进攻或撤退），但最终需要所有将军共同投票形成一致的行动计划并共同执行。这样一来，每位将军根据自己的投票（行动建议）及其他各位将军送来的投票信息，就可以知晓投票结果并采取一致的行动。但是问题在于，将军中可能有叛徒，他们会尝试通过恶意投票或者以其他将军的身份伪造投票等方式，阻止忠诚的将军们达成一致的行动计划，也不排除信使被敌方截杀等意外情况发生。因此很难通过确保人员和通信的可靠性来解决问题。[93]

在分布式学习问题中，担负学习任务的计算节点就有可能产生拜占庭错误，即节点可以发生任意错误，如伪造信息恶意响应，甚至可能出现被入侵俘获后多个计算节点合谋进行恶意响应的情况。一种常见的拜占庭错误设定是，部分计算节点被入侵成为所谓的恶意节点（malicious worker）。在随机梯度下降学习框架下，为了干扰机器学习过程，这些恶意节点可以按照特定的规律向服务器（或者其他节点）发送错误梯度（Byzantine gradient）估计，而不是计算得到的真实梯度估计，发送的内容可以是任意值。此外，恶意节点还可以停止发送正确的信息，拒绝响应其他节点或者冒充其他节点传送恶意信息。

在分布式架构领域，标准的解决方案是实用拜占庭容错（practical Byzantine fault tolerance）算法。该算法由计算机科学家米格尔·卡斯特罗和芭芭拉·利斯科夫于 1999 年提出。这个算法能够提供高效能的运算，使得系统可以每秒处理上千个请求。此后，多种拜占庭容错的协议被提出来，用以改善鲁棒性。然而，分布式学习任务数据吞吐要求高，通用的拜占庭容错算法往往无法满足计算效率的要求。因此，多种专门针对机器学习的拜占庭容错训练算法被提出来，常见的有中位数聚合、梯度滤波器等。

随着分布式学习需求的增加，无论是跨计算中心的学习还是分布在终端设备上的机器学习，都不得不高度重视拜占庭容错，以及容错措施带来的算力损失。因此，算力问题早已超出芯片和处理器的范畴，演变为与系统、网络、安全等紧密相关的综合性问题。

第五章

应用：智能之刃

五千年来，战争一直是人类的独角戏，而现在，这种局面已经结束了。

——彼得·辛格

　　人工智能是一种通用的使能技术，与蒸汽机、电力和内燃机一样，势必在人类社会的各个层面得到广泛应用。凯文·凯利曾说道："几乎所有我们能想到的东西都可以通过注入更大的智慧而变得新颖、不同、有趣。"[①] 人工智能在军事领域的应用也是如此，通过大幅提升战场认知能力、缩短包以德循环（OODA 循环）时间、提高无人装备自主性、改变参与战争的人力与机器资源配置等，显著影响军队组织形态、作战理念和行动速度，深刻改变战争形态、作战样式、装备体系和战斗力生成模式。当前，军事领域正处于一场重大技术革命的风口浪尖，正在越来越多地接受和求助于人工智能技术，进而推动机械化、信息化、智能化"三化"融合发展，并全面进入"机器人时代"。

一、替代：崛起的机器战士

　　历史上，人类通过不断地发明机器来替代自己完成各种各样的任务，从而越来越多地从各类事务中解放出来。这种梦想与实践已经延续了几千年。1921 年，捷克作家卡雷尔·恰佩克在剧作《罗素姆万能机器人》（*Rossum's Universal Robots*）中创造了 robota 一词，其本意就是替人类做事的强制劳工或苦力。这个词后来演化为 robot，被欧洲各国语言吸纳而成为世界性的名词——"机器人"。

　　用机器人替代人类的最迫切、最不计代价的渴望来自战场。战场乃死生之地，如果能让机器人去行动，那么战士们就可以在作战的同时远离战场。于是，各类军用机器人诞生了。伴随着人工智能技术的发展，第二次机器革命缓缓拉开了序幕，被注入智能的"机器战士"正在崛起。

---

① 凯文·凯利. 必然. 周峰，董理，金阳，译. 北京：电子工业出版社. 2016：34.

（一）当机器拥有了智能

军用机器人并非新兴产物。自第一次世界大战起，机器人就已经展现出巨大的吸引力，如用来运送物资的"电子狗"、进行自杀式袭击的"陆上鱼雷"、武装攻击无人车"歌利亚"、飞行炸弹"空中鱼雷"、电子控制摩托艇 FL-7s、远程控制无人机"弗里茨"等（图 5-1）。机器人部分地替代人类走上战场，至今已有百余年的历史。

（a）第一次世界大战期间用于　　（b）第二次世界大战期间德国使用的
　　运送物资的"电子狗"　　　　　　武装攻击无人车"歌利亚"①

图 5-1　早期的军用机器人

然而，各类传统的军用机器人，无论是近在咫尺还是万里之外，其行动仍然主要依赖于人的操控。随着人工智能技术的发展及与机器人学的深度融合，人们开始为各类机器"注入"智能，它们逐步在复杂的战场环境中独立完成更多类型、更加艰难的任务。

停留在高空的无人机不再只是将拍下的图像和视频源源不断地发送回后方，而是由目标识别和跟踪算法进行自主判定，人们要做的只是坐在后方的指挥所里确认机器的判定结果，做出是否攻击的决定。奔跑在地面的无人车不再只是死板地按照既定路线前进，而

---

① 图片来源：Cassowary Colorizations/CC BY 2.0. https://commons.wikimedia.org/wiki/File:Goliath_tanks_in_Normandy_(34807967031).jpg[2023-03-20].

是适应复杂的地形和各类实时情况，灵活地爬坡、避障，从而到达预定的目标位置。长期潜伏在水下的无人潜航器不再只是被动地定期接收指令，而是主动对附近的船只和潜艇进行识别与响应，将目标信息传回后方，甚至自主进行打击决策（图 5-2）。

(a)"平台-M"作战机器人①　　　　(b)"海鸥"无人水面艇②

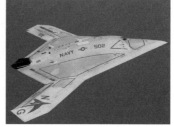

(c)赫尔墨斯900无人机③　　　　(d) X-47B无人战斗机④

---

① 图片来源：Srđan Popović/CC BY-SA 4.0. File:DUBP Miloš-Takovo 2020-02. jpg. https://commons.wikimedia.org/wiki/File:DUBP_Milo%C5%A1_-_ Takovo_2020_-_02.jpg[2023-03-20].

② 图片来源：Photo by LPhot Stevie Burke/MOD, OGL v1.0. File:FUTURE MINE HUNTING SYSTEM COMES TO CLYDE MOD 45166088.jpg. https://en.wikipedia. org/wiki/File:FUTURE_MINE_HUNTING_SYSTEM_COMES_TO_CLYDE_MOD_ 45166088.jpg[2023-03-20].

③ 图片来源：Photo: Nehemia Gershuni-Aylho, CC BY-SA 3.0, www. NGPhoto. biz[2023-03-20].

④ 图片来源：US Navy/Public Domain Mark 1.0. File:X-47B operating in the Atlantic Test Range (modified).jpg. https://en.wikipedia.org/wiki/File:X-47B_ operating_in_the_Atlantic_Test_Range_(modified).jpg[2023-03-20].

(e) "大狗"机器人[①] (f) "金枪鱼-21"水下无人潜航器[②]

图 5-2 当前正在使用的军用机器人

未来的智能化战场，各类武器装备都将在不同程度上被逐步"智能化"，机器变得越来越"聪明"。

（二）机器战士"上"战场

古往今来，"上"战场就会有牺牲，一直充满了悲壮。如今，机器战士可以替代我们"上"战场。面对高温、高寒、高压、缺氧、有毒、辐射等各种恶劣环境，它们无所畏惧，大幅拓展了作战行动的时间、空间和样式，甚至从根本上改变了战争形态。战争不再只是人类的活动。

机器战士可以更长时间甚至不间断地工作，可以深入更远的敌军腹地，停留在敌军无法企及的更高或更深的地方，实现全空间、全天候和非接触。美国 RQ-4A "全球鹰"无人机的续航时间达到42 小时，可以长时间停留在高空进行侦察。在伊拉克战争中，虽然

---

① 图片来源：Tactical Technology Office, Defense Advanced Research Projects Agency, U.S. Department of Defense/Public Domain Mark 1.0. File:Legged Squad Support System robot prototype.jpg. https://en.wikipedia.org/wiki/File:Legged_Squad_Support_System_robot_prototype.jpg[2023-03-20].

② 图片来源：Bluefin. File:BPAUV-MP from HSV-.jpg. https://commons.wikimedia.org/wiki/File:BPAUV-MP_from_HSV-.jpg[2023-03-20].

RQ-4A 仅仅承担了全部空中摄像任务的 3%，但打击伊拉克防空系统所需的时敏目标数据中有 55% 是由该型无人机提供的。[94]

机器战士具备比人类更强的机动能力，在战术战斗中占尽先机。例如，无人战斗机的最大机动重力过载不再受人类驾驶员承受能力的限制（人类飞行员在重力过载达到 $9g$ 左右时会失去知觉），可以超过 $20g$ 甚至更高，做出各类极端的飞行动作。它们可以以稳定的速度、在稳定的水平上精确飞行，可以迅速避开敌方的导弹，还可以为了避免被敌方雷达捕获而轻松地翻身——这对人类飞行员来说是无法想象的。

机器战士的成本通常比较低。受生理条件所限，人类战士需要水、空气、卫生条件和安全保障，甚至想要舒适的温度。人类战士的培训成本通常也更高。例如，一名美国空军 F-22/F-35A 战斗机飞行员的培养成本约为 1000 万美元（2018 年）。[95] 机器战士则没有这些问题，它们通常对运行环境的要求很低，而且容易替代——快速而廉价。

机器战士没有了人类的惊慌、恐惧、同情、悲伤等情绪，没有了"心理"。尽管历史上的各次战争都不相同，但是人类的心理一直都是战争的中心问题。有专家认为，人类的动因通常是胜利或失败的关键。战争中，战败一方之所以溃败，通常是由于其军队到达了心理崩溃点。在这个时刻，大部分或少数关键的军人拒绝继续战斗。[96] 机器战士从根本上颠覆了这一观念，它们无畏亦无惧。

（三）更加自主的未来

当前，很多机器战士已经可以做出大部分的决定，除了所谓的击杀决定。这也符合我们经常听到的"人类将会把越来越多的任务交给机器人，但是机器人在执行诸如是否射击这样的重要问题时仍然需要人类的许可"之类的说法。

然而，绝大多数观点认为，不久的将来可能会由机器决定目标的生死，人类似乎正在一步一步地远离决策圈。正如美国前陆军上校托马斯·亚当斯所指出的，未来的武器将变得过于快速、小巧和密集，并创造出过于复杂的环境，使得人类难以指挥。因此，在自主机器战士面前，人类的决策权正在被重新定义。未来学家库兹韦尔也嘲笑了人类总是居于决策圈中的说法，他认为："这只是一种政治粉饰……人类也许认为一切仍在掌控之中，但掌控的层级已然不同。"[96]

人类将决策权交给机器并不是最近才发生的事情。第二次世界大战时期的诺登投弹瞄准器早就替代了人类决定什么时候投下炸弹，第一次海湾战争时期的导航计算机可以自动打开舱门并完成武器投送。即使"自动模式"下的"宙斯盾"作战系统多次发生了误判惨剧，但是它在大多数情况下仍然为指挥官所信任。美国《空军》（*Air Force*）的编辑约翰·特尔派克认为，一旦机器在找到正确目标和恰当使用武器方面建立了可靠的记录，那么机器将被信赖。[96] 当机器变得能力更强、更加可靠、更受人类信任时，它们在军队中的"岗位"可能会无处不在。

尽管各国专家呼吁应当就限制机器战士的自主性展开讨论，但是事实上机器战士正在变得越来越自主，这一趋势似乎已不可避免。正如历史学家伊恩·莫里斯在《战争：从类人猿到机器人，文明的冲突和演变》（*War! What Is It Good For?: Conflict and the Progress of Civilization from Primates to Robots*）一书中所写的那样：当具有纳秒级 OODA 循环的机器人开始屠杀具有毫秒级

OODA 的人类时，就不会再有争论了。俄罗斯高级指挥官设想，在不久的将来，俄罗斯将会建立一支能够独立进行军事行动的完全机器人化的部队，该部队将自主完成发现、识别、追踪、瞄准目标并与敌军交战，无须人工参与决策过程。在 2019 年的迪拜航展上，美国空军参谋长戴维·戈德芬将军透露了致命交战过程中自动执行杀伤链的计划，物体的检测与识别、启动致命交战的决定及将目标分配给武器平台将完全实现自动化。[97]2021 年，美国人工智能国家安全委员会在发布的最终报告草案中做出了明确表态：“委员会不支持在全球范围内禁止人工智能和自主武器系统”[98]，自主武器的发展已成必然。

二、协助：睿智的参谋助手

战争极其考验指挥官的判断力和决策力。古今的将帅都非常需要能“参”善“谋”的助手，这些助手最好能深刻地洞察战场局势并给出正确的行动建议。从古代的“军师”和“谋士”，到现代的“参谋部”，都成为指挥官不可或缺的得力助手。现代战争作战空间多维、作战要素众多、博弈空间巨大的特征日益凸显，战争的复杂性剧增，作战决策面临的结构混乱性问题越来越多，要根据战场变化及时做出有效应对并取得胜利，难度极大，完全靠人力已经难以驾驭。

DARPA 信息处理技术办公室主任约瑟夫·利克莱德早在 1960 年就说过：“希望在不久的将来，人类的大脑和计算机将非常紧密地结合在一起，由此产生的组合将以人类大脑从未有过的方式进行思考，并以超越现在我们所认知的方式来处理数据。”[99]今天看来，这仍然是深邃的洞见。近年来，随着人工智能技术取得突破性进展，推动"机"的智能与"人"的谋略叠加赋能指挥决策，已经成为各国夺取军事竞争优势的重要抓手。

（一）赋能视觉情报

今天的战场充满了各式各样的情报、监视和侦察系统。这些系统收集了大量的图像和视频数据，而处理这类数据正是人工智能最擅长的。在阿富汗战争期间，美军部署在阿富汗的情报侦察系统每天可获取超过 53 太字节的数据，其中仅一架"捕食者"无人机获取的数据就需要 19 名专职人员进行满负荷分析处理，因此实际上真正能够被有效分析的数据极其有限。[100] 为了减轻情报分析人员的负担、产生更多可付诸行动的情报，美军大力寻求智能算法支持，尤其是运用机器学习算法进行目标探测、分类和预警等，取得了明显效果。

据美国科技类杂志《大众机械》（*Popular Mechanics*）刊登的一篇文章披露，美国密苏里大学的研究团队训练开发出一种深度学习算法，能够帮助人类情报分析师从数千平方英里的卫星图像中像大海捞针一样检测、识别地对空导弹阵地。他们将全球 2200 个地对空导弹发射阵地的公开数据与美国 DigitalGlobe 公司的卫星图像相结合，通过该人工智能算法，可以在 55 923 平方英里 ① 的范围内找到 90 个已确认的地对空导弹阵地，并且能够在 45 分钟内完成，而人类通常需要 60 小时才能以同样的精确度判读所有图像。[101]

2017 年底，在中东地区使用无人机作战的美军特种作战部队配备了初始的作战算法，基于小型无人机的视频数据，实现了人、车辆、建筑等目标的识别。同时，他们使用数千小时中东地区无人机

---

① 1 平方英里 =2.589 988 平方千米。

视频作为训练数据，在实战环境中不断改进算法，在较短时间内实现了目标识别率从 60% 到 80% 的大幅提升。上述这些算法已经与美军的"米诺陶"系统结合，实现了目标识别与地图标注的关联。未来，相关研究计划将完成 38 类战场对象的学习与识别算法，基本涵盖了所有战场要素。

此外，美军正雄心勃勃地寻求技术手段，以使无人系统具备"可视智能"，可以对采集到的流媒体数据进行自主分析，发现并及时报告重要的作战信息。这样的无人系统可以执行类似连续监视等作战任务，将情报人员从紧盯屏幕的冗长而枯燥的工作中彻底解脱出来，专注于更重要的事情。[102] 这些初步成果已被 DARPA 应用于设计一种基于学习的视觉智能系统，该系统可以快速部署到无人驾驶车辆。[103]

（二）寻找"蛛丝马迹"

2018 年，美国国防部情报副部长办公室国防情报主任沙纳汉中将称："在情报、监视和侦察（ISR）方面，我们有比国防部历史上任何时候都多的平台和传感器。"[104] 这些平台和传感器产生了海量的情报数据，但是却无法被充分利用——美国被湮没在人类无法分析的数据中。[104] 显然，数据已成"洪流"，而这"洪流"中可能只有那么几滴甚至几滴中隐含的某些信息才能真正称得上是战场决策依据的"情报"。难怪美军抱怨从这些数据中获得有用信息"如同从打开的高压水管中喝水一样困难"①。

---

① 陆天歌，王兆亮.进入大数据时代，数据挖掘技术或将成为战场制胜的核心要义——数据挖掘：帮你读懂未来战争. http://www.81.cn/jfjbmap/content/2018-12/14/content_223213.htm[2023-05-20].

美国公司 Palantir 致力于通过人机结合的模式从海量数据中挖掘有价值的信息，服务的客户主要有美国国防部、美国中央情报局及美国联邦调查局等。在阿富汗战场，Palantir 公司为美军提供了"上帝之眼"：相关软件可以筛选大量原始或非结构化的数据，并对其进行组织和结构化，从而支持人工搜索和发现，其特点在于能够以令人惊讶的方式聚合、挖掘和汇总个人数据，并在人与人之间建立原本需要花费大量人工时间才能搞清楚的联系，而这些信息可以用于做出生死攸关的决定。[105] Palantir 公司的技术已被美军广泛用于战场态势分析和预测。例如，将所有域的历史数据及来自传感器的流数据融合形成一个实时的公共作战视图，当制定和调整任务计划时，可以将计划与视图叠加在一起并主动呈现人工智能的洞察力，以提升作战人员的态势感知能力。[106]

指挥官对情报更深层次的需求是，希望"理解"战场上发生了什么。这需要寻求方法手段对各种来源收集到的信息进行分析评估，加深对事件和趋势的理解，从而有利于指挥官更好地决策。美军"对不同方案的主动解释"（AIDA）项目试图开发一种引擎，可以将多个来源自动获取的知识映射到一个共同的语义表示中，实现对真实世界事件、现状和趋势更为清晰准确的理解。这需要集成更多、更先进的智能算法，不啻为一项更大的挑战，人们正拭目以待。

总体而言，情报分析是当前最受益于人工智能技术发展的军事领域之一。综合运用各种传统的和新兴的人工智能技术进行情报分析快速、高效且精确，可以为战场决策提供即时且优质的支持，人工智能技术将重新定义情报分析，扮演更加称职的"情报分析师"。

（三）战场新"军师"

指挥作战行动一直被认为是一项高度体现人类智慧的任务。如今，人类越来越倚仗人工智能技术进行作战筹划、预测战局等。

2007 年，DARPA 启动了一项面向陆军旅级指挥控制的研究计划"深绿"（Deep Green），旨在构建一个指挥决策支持系统，将作战中的预先计划与自适应执行有机地结合起来。"深绿"通过模拟仿真和主动分析，辅助指挥官提前思考并研判风险，从而快速生成行动选项，便于指挥官将注意力集中于分析判断和决策选择，而非敲定方案的具体细节。"深绿"专注于实现"指挥官助理"、"水晶球"和"闪电战"三个功能模块。其中，"指挥官助理"模块可以自动将指挥官的手绘草图连同其意图表述转换为旅级行动方案；"水晶球"模块获取和行动计划、作战资源有关的各种信息，生成一系列行动选项，并在行动开始后持续获取战场态势信息；"闪电战"模块则对一系列行动选项进行快速仿真推演，从而预测各种结果的可能性。[107]"闪电战"模块和"水晶球"模块能够相互配合，快速仿真各种作战计划，生成可能的未来态势，并预测战局的各种走向及可能性，辨识即将到来的决策点。由于种种原因，虽然该计划的成果有限，但是其中的若干模块还是被成功开发并集成到现有作战指挥系统中。

2016 年，美国陆军通信电子研究、开发与工程中心（CERDEC）启动了"指挥官虚拟参谋"项目，旨在利用自动化和认知计算技术来处理战场上大量的数据和高度复杂的态势，从而帮助指挥官做出更好、更明智的决策。项目主要关注 7 个方面。①指挥官专用工具。为指挥官执行命令提供计算机工具支持，工具采用集成和开放的框架设计，使得指挥官无论身在何处都可以便捷使用。②指挥官及参谋工作流程协调与协作。提供工具来协助进行任务分配、跟踪、工作成果共享等。③数据整合。为指挥部的信息和态势感知提供单一、权威、一致的来源。④规划。基于经验数据和实时数据生成多个模型，驱动推演和分析。⑤自动评估。根据计划和意图，为指挥官提供计算机辅助评估。⑥预测。根据任务目标和场景数据，识别和推理不断变化的态势走向。⑦建议。自动生成附有相关概率和置信度的建议与备选方案。[108]

关于人类指挥官是否可以信任人工智能提供的计划或方案，很多人可能会心存疑虑。2020 年初，美国战略与预算评估中心发布的一份题为"马赛克战争：利用人工智能和自主系统实现以决策为中心的行动"（Mosaic Warfare: Exploiting Artificial Intelligence and Autonomous Systems to Implement Decision-Centric Operations）的研究报告指出，在一系列推演后得出了若干重要见解，第一条见解便是"指挥官和计划人员可以信任机器控制系统"。报告认为，指挥官和计划人员很快就接受了机器控制系统的辅助，包括系统建议的行动方案；尽管他们经常质疑，但总体上这些方案是可以施行的，并且时常包含一些颇为新颖的力量组合方法和非常规战术；这些初步方案能够为指挥官的决策提供辅助支撑，具有"打草稿"的作用；总体而言，机器可以在辅助决策方面发挥重要作用。[109]

美国人工智能国家安全委员会于 2021 年发布的最终报告草案认为：人工智能的许多军事用途是对人类作用的补充，将改善军人在执行任务过程中的感知、理解、决策、适应和行动方式。但是，新的作战概念也需要考虑到一种变化，即人类将把越来越复杂的任务委托给人工智能系统。[98]可能在并不遥远的未来，随着机器智能的发展，机器将在一定层级上做出更多独立的决定。阿米尔·侯赛因在《终极智能：感知机器与人工智能的未来》(*The Sentient Machine: The Coming Age of Artificial Intelligence*) 一书中描述道："在这一即将到来的时代，我们将看到人类提供广泛的、高级别的输入，而机器将被用于规划、执行和适应任务，并在没有其他输入的情况下做出数千个独立决定。"[①]

三、演进：强大的机器博弈

战争作为对抗最为激烈、充满未知和决定生死的博弈，堪称"刀尖上的艺术"。如何在战争的博弈中获得胜算，始终是交战各方寻求的目标。近年来，随着人工智能的快速发展，在棋类游戏及诸多近似实战的场景下，人类在对阵机器智能的博弈中屡屡败北，颠覆了人们对传统机器博弈的认知。面对博弈空间多维、复杂性剧增的未来战争，人工智能能否拨开战争迷雾，找到最终的制胜之道？

（一）蜕变

机器博弈源于棋类博弈的游戏。现代计算机和博弈论之父冯·诺依曼最早对二人零和博弈开展深入研究，并于1928年发表极小极大值定理证明，揭示了博弈论的基本原理。1944年，冯·诺依曼与奥斯卡·摩根斯特恩合著的《博弈论与经济行为》(*The Theory of Games and Economic Behaviour*) 出版，将博弈理论从二人博弈推广至多人博弈，标志着现代博弈论思想登上历史舞台，同时也奠定了机器博弈研究的理论基础。

---

① 阿米尔·侯赛因.终极智能：感知机器与人工智能的未来.北京：中信出版社，2018: 100-101.

　　1950 年，香农发表论文 [①] 提出了计算机下棋（国际象棋）编程方案。1958 年，IBM 推出了第一台与人类棋手进行国际象棋对抗的机器"思考"。虽然它被人类棋手打得溃不成军，但是却带来了机器博弈的曙光，许多科学家为此备受鼓舞。之后的近 30 年，计算机下棋程序不断改进，促进了机器之间下棋比赛的兴起，但机器对阵人类优秀棋手仍很难取胜。

　　从 20 世纪 80 年代末起，随着计算机科学技术的快速发展，机器博弈水平得到大幅提升。IBM 的"深思"和"深蓝"计算机（图 5-3）先后与卡斯帕罗夫、阿那托里·卡尔波夫等世界国际象棋棋王展开了"人机大战"，在经历多次败绩并改良后逐渐扭转劣势。1997 年，"深蓝"首次在正式比赛中战胜人类国际象棋世界冠军卡斯帕罗夫，成为机器博弈发展历程中的一个重要里程碑。"深蓝"是一个大规模并行的计算机系统，重 1270 千克，拥有 32 个通用微处理器、480 个国际象棋专用芯片，每秒钟可以计算 2 亿步，科学家给"深蓝"输入了两百多万局优秀棋手的对局。随着时间的推移，伴随着人工智能技术的进步，计算机表现得越来越"聪明"。2016 年，谷歌公司旗下 DeepMind 公司研发的 AlphaGo 一鸣惊人，战胜了围棋世界冠军李世石。在此之前，由于围棋的复杂度远高于其他棋类，因此是唯一没有被机器攻克的棋类博弈项目。这次胜利成为机器博弈发展历程中的又一重要里程碑。这是计算机首次在人类不让子、平手对局的情况下战胜人类围棋顶尖棋手，因此被称为"旷世人机大战"。AlphaGo 也成为第一个战胜围棋世界冠军的机器人。随后，AlphaGo 又先后与另一位围棋世界冠军柯洁及数十位中日韩围棋顶

---

　　① 论文的中英文名称为"编程实现计算机下棋"（Programming a Computer for Playing Chess）。

尖棋手轮番对战，无一败绩。AlphaGo 通过运用神经网络、强化学习、蒙特卡洛树搜索等技术，结合数百万人类围棋专家的棋谱进行训练，实现了实力上的飞跃。AlphaGo 的升级版 AlphaGo Zero 进一步提升了能力，在不需要人类棋谱输入的情况下，通过在棋盘上的自我对弈和学习训练不断获得成长，并强势击败了此前战胜李世石和柯洁的 AlphaGo。2017 年，DeepMind 公司公布了战力更强的

图 5-3 "深蓝"计算机的部分机架 [①]

AlphaZero。AlphaZero 能够在无任何人工干预的情况下，从零开始训练，快速自学国际象棋、日本将棋和中国围棋，并能够轻松击败各自的世界冠军机器。

在机器智能方面，AlphaZero 较"深蓝"有了质的飞跃。相比之下，"深蓝"更像一台粗暴而物质化的机器，获胜靠的是超强的计算能力，而不是对棋局本身意义的理解。这种情况随着机器学习技术的突破而改变。AlphaZero 通过学习自主洞察了棋局的原理，并拥有了与人类棋手相似的思维与对弈风格，会玩花招和冒险，部分行为不乏"恶意"。很显然，AlphaZero 获胜靠的是对棋局的理解和聪明的思维，而不是计算速度，它向人类展现了一种从未见过、令人敬畏的新型智能。

世界冠军对 AlphaZero 的评价

前国际象棋世界冠军卡斯帕罗夫评价道："过去一个多世纪以来，国际象棋一直被用作衡量人类和机器认知水平的黄金标准。AlphaZero 取得的非凡成果，刷新了这门古老的棋盘游戏和尖端科学之间的显著联系……这些自学成才的专家级机器不仅表现优异，棋力非凡，而且从自己创造的新知识中学习。"[1]"我无法掩饰我的赞许，因为它的下棋风格灵活多变，这跟我自己的风格很像。"[2]

日本将棋 9 段职业选手、棋史上唯一获得"永世七冠"头衔的棋

---

[1] 顾军，樊丽萍 . 史上最强棋类 AI 降临！ AlphaZero 今天登上 Science 封面：一个算法"通杀"三大棋 . https://wenhui.whb.cn/third/baidu/ 201812/07/228969. html[2023-02-10].

[2] 雷锋网 . AlphaZero 荣登《科学》杂志封面 . https://www.leiphone.com/ category/ai/LXA4ZLj7RLpnyBHP.html[2023-05-20].

士羽生善治评价道："AlphaZero 会将王移到棋盘中央，从人类的角度看，这是有违将棋理论的。它的一些路数走得也很危险。但令人难以置信的是，它始终控制着局面。AlphaZero 独特的风格打开了日本将棋新世界的大门。"①

（二）对决

　　无论是国际象棋还是围棋中的对阵博弈，都属于完整信息条件下的博弈，即对阵双方完全知晓对方手里有什么棋子及采取的行动。但是在现实世界中，很多领域的博弈（如战争）的对阵双方（或各方）不可能完全知晓对方手里的底牌及采取的行动。正如克劳塞维茨在《战争论》（*On War*）中指出的："战争是充满不确定性的领域，实施作战行动所必须考量的因素中，有四分之三或多或少隐藏在巨大的不确定性迷雾中。"[110]

　　与棋类游戏相比，战争中的博弈具有以下三个鲜明特征。一是难以估量的复杂度。棋类游戏的复杂度可以约束于一个二维有限空间，而在真实的作战行动中，战场空间多维、参战实体多元、战术战法多样、指挥决策多变、对抗实时多态，由此带来了巨大的决策状态空间复杂度。二是不完整信息博弈。棋类游戏的博弈双方可以一目了然地看清棋局，但是战争中的博弈受战场环境变化、信息欺骗伪装、侦察能力局限等因素制约，许多对手和环境信息无法获得，博弈过程在诸多因素不确定、不透明的情况下进行，充满未知的可能性。三是没有固定的对抗模式。棋类游戏的博弈规则清晰公平，

---

　　①　徐路易. AlphaZero登上《科学》封面：一个算法通吃三大棋类. https://news.sciencenet.cn/htmlnews/2018/12/420888.shtm[2023-02-10].

对阵双方轮流出招，而战争中交战双方（或各方）的兵力规模、作战样式、作战时间、行动范围、行动次序、作战方法等不受固定模式的约束。《孙子兵法》中阐述的"凡战者，以正合，以奇胜""兵者，诡道也"揭示了战场千变万化、不拘一格的取胜之道。那么，面对近似战争场景的博弈，机器智能又是如何表现的呢？

2016 年，美国辛辛那提大学研发的人工智能系统 Alpha，在模拟空战中击败了美国空军资深战斗机飞行员基恩·李上校。基恩·李上校对 Alpha 的评价是：这是迄今我见过的最具攻击性、响应性、动态性和可靠性的人工智能。[111] 美国辛辛那提大学官方网站报道称，Alpha 之所以表现出众，是由于其在模拟空战中用三代机成功击退了有预警机支持的四代机。Alpha 通过"遗传模糊树"算法，构建模拟人脑的数学模型开展学习训练，逐渐达到并超越了人类高级指挥决策水平，可以根据交战态势快速形成最佳战术计划并实施，整个过程不到 1 毫秒，比人类快了 250 倍。2020 年在 DARPA 举办的"阿尔法"空中格斗竞赛中，苍鹭系统公司（Heron Systems）的智能空战系统 Falco 凭借凌厉的攻势，完胜美国空军顶尖 F-16 战斗机飞行员。比赛开始后的前四次交锋中，Falco 以难以置信的精确瞄准，迅速"击落"了飞行员驾驶的 F-16；在第五次交战中，飞行员改变战术，驾驶 F-16 以大过载转弯干扰 Falco 的决策，但新战术只是延迟了被"击落"的时间，Falco 再次设法击落了 F-16。在整个比赛过程中，人类飞行员几乎毫无招架之力。[112] Falco 采用了深度强化学习算法，综合利用了深度学习的强感知能力和强化学习的强决策能力，聚焦模拟环境下视距内空战，在近一年的时间内通过至少 40 亿次仿真训练，拥有了相当于 30 年左右的 F-16 战斗机驾驶与格斗经验。上述进展打破了人类对传统空战的认知，也许在不久的将来，人类在空战领域也会像棋类游戏一样逐渐被机器夺取优势。

除了在空中格斗这类战术级的近似实战博弈中表现优异，机器智能在战略战役级近似实战场景的博弈中同样令人瞩目。2019 年，DeepMind 公司向世界展示了最新成果 AlphaStar。AlphaStar 在战略游戏《星际争霸 2》(*StarCraft Ⅱ*) 的人机大战中以 10∶1 的总比分取得碾压式胜利，成为世界上第一个击败《星际争霸 2》人类顶级职业玩家的机器人。《星际争霸 2》是由美国暴雪娱乐公司开发的一款经典即时战略游戏。它的游戏规则非常复杂，虚拟战场空间巨大，体现的是不完整信息条件下的博弈，具有难以预测的"战争迷雾"。参与者需要基于有限的视野研判全局态势，实施战略筹划和战术行动，并根据局势发展动态调整博弈策略，临机处置突发情况。AlphaStar 通过人类选手近 50 万场游戏回放数据及与其他机器对抗进行学习，利用实时变化的神经元网络，较好地实现了不完整信息与精准决策之间的平衡、局部短期战术和全局长期战略之间的平衡、高复杂度与实时对抗之间的平衡，展现出对复杂系统的深度认知和体系思维能力。2019 年 11 月，AlphaStar 的相关研究成果登上了《自然》封面。AlphaStar 的研发成功，标志着颠覆未来战略战役指挥模式的机器智能已经初现端倪。

四、颠覆：改变规则的"蜂群"

如果说无人机、无人车、无人艇等单个无人系统在执行情报侦察、火力打击、排雷排爆、电子对抗、战场保障等多种作战任务中大放异彩，取得了骄人的成就，那么由数量庞大、互相协同的无人系统集结在一起形成的"蜂群"，则有可能给军事行动带来更为显著甚至颠覆性的变化，进而改写战争规则。

（一）从概念走向现实

德国作家恩斯特·荣格于 1957 年出版的科幻小说《玻璃蜜蜂》（*The Glass Bees*）引入了"蜂群"这个概念。[113] 此后的半个多世纪，人们在相关的科学领域开展了大量研究并取得一系列进展。尤其是近 20 年来，随着人工智能、无人平台等技术的突破性进展及相关作战理论的发展，"蜂群"已经成为一个新兴的、蓬勃发展的跨学科研究热点。

"蜂群"是以无人平台为基础，以自主控制与协同交互为核心，以群体智能涌现为主要特征的集群无人作战体系。"蜂群"通常具有以下特性：①拥有较大规模的无人系统单元，通常数量为数十至数千个；②无人系统单元具有自主性，能够感知群内环境及附近的其他无人系统单元，能够与其他无人系统单元进行通信并协同执行任务；③无人系统单元及其遵循的行为规则较为简单；④通过简单个体的协同交互，能够在群体层面涌现出宏观智能行为，从而完成复杂任务，即"群愚生智"。由此可见，大量没有协同能力的无人系统简单聚集在一起不能称作"蜂群"，充其量只能称为"群蜂"。"蜂群"和"群蜂"是两个完全不同的概念。

在军事领域，针对"蜂群"的研究主要从两个层面展开：一是从技术层面，重点研究智能编队协同、实时信息共享、群体智能算法、通信网络、集体决策、灵巧载荷等；二是从作战层面，重点研究高抗毁性、功能分布、对抗交换成本以及作战运用等。这两个层面相互交织、互为支撑，共同推进"蜂群"的研究与发展。

在技术层面，自然界中的动物群体包括大家所熟知的蜂群、鸟群、蚁群等，赋予了科学家诸多研究灵感。这些动物群体中的个体弱小且简单，拥有自主性和机动性。每个个体只需要遵循非常简单的规则，就能结成一个高效协同的群体并完成令人难以置信的复杂任务。例如，蜜蜂会通过跳圆圈舞、"8"字形舞等不同的舞蹈向同伴传递蜜源位置信息，协同完成采蜜（图5-4）；蚂蚁会通过身体接触、高频声波及分泌信息素等进行群体协同寻找最佳觅食路线、筑巢及杀死并搬动庞大的猎物等（图5-5）；候鸟会通过叫声和鸣啭等进行沟通，组织成百上千的同伴完成数千公里甚至上万公里的迁徙（图5-6）。这些"遵循简单规则，完成复杂任务"的群体行为，对于研究建立"蜂群"极具吸引力和借鉴意义。

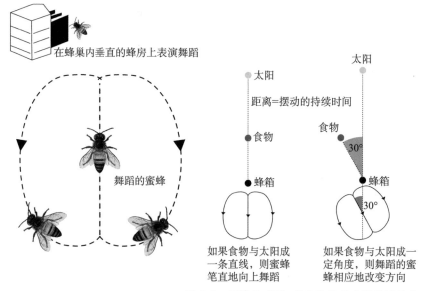

在蜂巢内垂直的蜂房上表演舞蹈

舞蹈的蜜蜂

太阳

距离=摆动的持续时间

食物

蜂箱

如果食物与太阳成一条直线，则蜜蜂笔直地向上舞蹈

太阳

食物

30°

蜂箱

30°

如果食物与太阳成一定角度，则舞蹈的蜜蜂相应地改变方向

图 5-4 蜜蜂跳 "8" 字形舞传递蜜源位置信息

在作战层面，人类社会的群体行为，尤其是在战争中屡次展现的"蜂群"战术，同样给予了研究者诸多启示。13 世纪，蒙古骑兵在远征中亚和欧洲的作战行动中，面对大规模步兵和重骑兵集团，

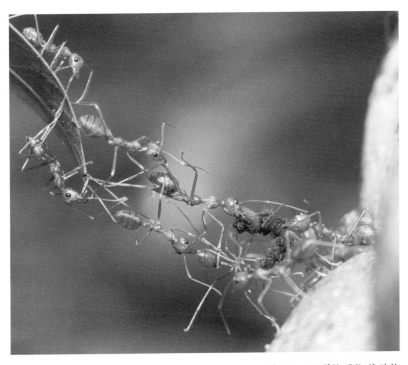

图 5-5 蚁群协同搬移猎物

图 5-6 候鸟群实施迁徙

通过分散机动、有效协同和蜂拥攻击的方式取得胜势。第二次世界
大战时期德国海军的 U 型潜艇采取游弋侦察、呼叫同伴、集群围
猎的"狼群战术"袭扰英国的海上运输线，集中相对弱小的舰艇的
合力攻击摧毁大型舰队，先后击沉英军的"勇敢"号、"皇家方舟"
号、"鹰"号航空母舰，取得了辉煌战绩。汤姆·汉克斯主演的电
影《灰猎犬号》(*Greyhound*)再现了当年盟军舰队与德军潜艇在大
西洋上狭路相逢、惊心动魄的激斗场面。回顾近 30 年具有"蜂群"
战术特点的战例，其中最著名的莫过于 1993 年 10 月美军在索马里
摩加迪沙的战斗。这场战斗随着《黑鹰坠落》(*Black Hawk Down*)
书籍和影片的风靡全球而变得家喻户晓。在这场战斗中，索马里的
民兵分散在摩加迪沙的各处，靠着极简单的目光指引、无线电通信
和燃烧轮胎等规则进行联络与协同。民兵击落一架美军直升机，就
点燃轮胎标示地点，指引其他同伴聚集围攻美军幸存者及救援人员，
数十名"三角洲"和"游骑兵"队员很快就被蜂拥而至的数千名索
马里民兵包围，演绎了一场经典的"蜂群"式攻击。

当前，在军事需求牵引和科技创新推动下，"蜂群"相关关键技
术与作战理论已经处于实验验证阶段，正朝着实战化方向迅猛发展。
DARPA 的"灰山鹑"(Perdix)、"小精灵"(Gremlins)、"进攻性'蜂
群'战术"(OFFSET)等"蜂群"研发项目相继成功完成测试，已
经具备自主发现目标、制订行动计划并完成拦截和摧毁的能力。美
军的"蜂群"已经从概念走向现实，即将从实验场走向战场。

美军部分"蜂群"研发项目的研究进展

DARPA 的"小精灵"项目于 2015 年启动，目标是研发低成本无
人机"蜂群"平台及投放回收技术。2020 年 1 月，"小精灵"无人机

（图 5-7）完成首飞实验，通过 C-130A 运输机载飞并发射，飞行持续了 1 小时 41 分钟，实现了对无人机"蜂群"的空中发射和回收全流程试验。DARPA 的"进攻性'蜂群'战术"项目于 2017 年启动，目标是在复杂多变的城市环境中，促进"蜂群"自主性和人-"蜂群"编组取得革命性进步。2019 年，项目完成第二项测试，验证了集群对城市目标进行合围隔离的战术。DARPA 的"灰山鹑"项目于 2014 年启动。2016 年 10 月，美国海军 3 架 F/A-18 E/F"超级大黄蜂"战斗机释放出 103 架"灰山鹑"无人机（图 5-8），展现了集体决策、自适应编队飞行等自主协同能力（美国国防部于 2017 年公布了相关视频）。这标志着"空天航母"已经成为现实，具有重要的战略意义。美国海军"低成本无人机集群技术"（LOCUST）项目于 2015 年启动，旨在快速释放大量低成本小型无人机，通过自适应组网、信息共享和自主协同，组建集群执行多种作战任务。2016 年 4 月，该项目完成了 30 架无人机的快速发射和编队飞行试验。

图 5-7　"小精灵"无人机①

图 5-8　"灰山鹑"无人机②

---

① 图片来源：DARPA. File:GremlinsFlightTestNovember2019.jpg. https://en.wikipedia.org/wiki/File:GremlinsFlightTestNovember2019.jpg[2023-03-20].

② 图片来源：DOD/Public Domain Mark 1.0. File:Perdix-drone.jpg. https://commons.wikimedia.org/wiki/File:Perdix-drone.jpg[2023-03-20].

（二）确立优势的新范式

"蜂群"如何在战场上确立作战优势？人们往往首先想到的是"以数量取胜"。这种想法朴素而正确。在军事斗争实践中，交战双方力量的对比，主要体现在数量与质量两个方面。当一方确立了"数量优势"，则另一方往往通过谋求"质量优势"以取得平衡甚至超越，反之亦然。因此，对于确立军事优势，数量与质量都非常重要。那么，数量与质量之间存在着怎样的内在联系呢？兰彻斯特平方律诠释了两者在作战中的关系：在直接瞄准射击条件下、所有要素对等的战斗中，交战一方的整体作战能力（相当于质量）与其战斗单元数量的平方成正比（图5-9）。也就是说，如果交战一方的数量增加为原有的2倍，则另一方只有将质量提升至原有的4倍，才能与之抗衡。[114] 由于作战能力的发展所需的时间较为漫长（例如，技术与装备形成实际作战能力往往需要十几年甚至几十年），因此在很多情况下，用质量优势来弥补数量上的不足是有上限的，相比之下，谋求数量优势显得更加现实而有效。正如约瑟夫·斯大林所指出的：数量优势也可以转化为质量优势。我们可以试想一下遮天蔽日的"蜂群"发起作战行动时的威力。它们可以突破任何传统的防御体系，对高价值目标实施集中饱和式攻击。即便是最先进的"宙斯盾"舰载防空系统和"密集阵"近防武器系统，也难以有效抵御从四面八方而来的高速机动突防的几百甚至上千架无人机。届时，无论是"提康德罗加"级导弹巡洋舰还是"阿利·伯克"级导弹驱逐舰甚至是航空母舰，都将如同大象遭遇杀人蜂群般束手无策。

事实上，"蜂群"的优势不仅在于庞大的数量，其作战的自主性、协同性、高速度和低成本，以及功能分布、弹性抗毁、快速机动和群智涌现等优势特点，将赋予作战一种新质的力量。面对"蜂

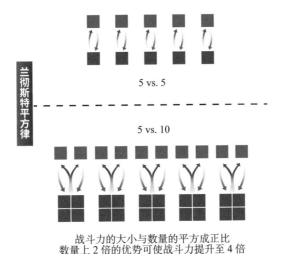

战斗力的大小与数量的平方成正比
数量上 2 倍的优势可使战斗力提升至 4 倍

图 5-9　兰彻斯特平方律诠释数量与质量的关系 [114]

群"的新质能力，现有作战系统将面临一系列巨大的挑战。一是
"探测难"。"蜂群"中的无人系统经常大量使用非金属和复合材料，
雷达反射面积普遍较小，难以对其进行远距探测。例如，美军的
"灰山鹑"无人机大量使用凯芙拉、碳纤维等材料，机身长仅 16.5
厘米，翼展为 30 厘米。"蜂群"无人机低空飞行时，现有多普勒脉
冲体制雷达受低空复杂地物背景干扰，对此类目标的发现能力不强；
光电探测系统的探测距离较近，且易受天气、环境等条件的影响，
因此多目标探测能力有限。2019 年 9 月，沙特油田遭到 18 架无人
机袭击，其部署的"爱国者"防空系统未能有效应对，其中的重要
原因是防空系统地基雷达无法有效探测超低空飞行无人机，且不具
备 360° 探测能力。二是"防御难"。"蜂群"对防御体系的最大威
胁在于其数量规模庞大，可以形成数十至数千架规模作战能力。防
御体系在面临"蜂群"的自杀式、饱和式攻击时，多目标探测和拦
截能力严重不足，密集近防武器难以合理分配火力应对全方位的高
速攻击，导弹大量消耗将造成体系局域作战能力丧失，为"蜂群"

或敌方其他平台攻击让出"突防通道"。美国海军的模拟试验表明，当 8 架无人机组成的集群以 250 千米 / 小时的速度攻击装备了"宙斯盾"防空系统、"密集阵"近防系统和重机枪的"阿利·伯克"级导弹驱逐舰时，平均有 2.8 架无人机可以成功实现突防，即使升级了舰载防空系统，仍有至少 1 架无人机能够实现突防。[115] 显然，随着无人机数量的增加，拦截效率还会大幅下降。三是"摧毁难"。"蜂群"将传统集中于一个复杂平台的多项功能分布到集群中的大量无人系统节点上，节点间通过网络通信与协同实现所有功能，通过采取去中心化的协同控制模式避免了对单一节点或少量节点的过分依赖，从而提高了网络弹性和抗毁生存能力，部分节点被摧毁或者失能并不会严重影响集群作战能力。四是"防不起"。"蜂群"通常由大量低成本的无人系统组成。例如，美军的"郊狼"无人机的单价仅为 1.5 万美元，而 1 枚"爱国者"PAC-3 导弹的成本高达540 万美元。在正常情况下，"蜂群"还具备回收能力，进一步降低了使用成本，从而使导弹的拦截效费比极低。低成本是一个相对的概念，其本质不在于本身，而是与敌方的对抗成本交换比。如果需要用价值 100 万美元的导弹去消灭敌方价值 1000 美元的无人机，那么每击落一架无人机，敌人就距离胜利更近一步。[114]

事实正在表明，"蜂群"将大量无人系统编组和集中使用所带来的战场优势是明显的。正如兰彻斯特平方律所揭示的，集群作战可以发挥出远超个体累加的战斗力。随着未来的部署和应用，以及作战能力的不断提升，"蜂群"无疑将成为备受瞩目的新质作战力量，开启全新的作战样式，进而呈现"'以小制大、以微制巨'的战争奇观。"①

---

① 赵先刚，游碧涛 . 无人作战如何重塑作战观 . https://www.81.cn/jfjbmap/content/2019-07/11/content_238072.htm[2023-02-07]。

《麻省理工科技评论》报道
美国海军正在实施"超级蜂群"庞大计划

据《麻省理工科技评论》（*MIT Technology Review*）2022 年 10 月 24 日的报道，五角大楼 2022 财年预算报告显示美国海军正在实施一个称为"超级蜂群"的庞大计划，致力于研究建造、部署和控制数千架小型无人机的方法，这些无人机能够聚集在一起，以庞大的数量压倒防空防御体系。该报道称，俄乌冲突已经证明了小型无人机的价值。这些无人机可以广泛遂行侦察、引导火炮射击和摧毁坦克等各类任务，但是在使用方面受到很大限制。这是由于每架无人机都需要配备操作员。美军正在推进的"超级蜂群"，将借助人工智能等算法的辅助，使成百上千架的廉价无人机作为一个单元被控制。报道称，数百页的预算数字中埋藏着一些之前未透露的项目细节。这些细节包括：从舰艇、潜艇、飞机和地面车辆发射的无人机群，旨在支持"多域作战"；正在运用 3D 打印和数字设计工具大量制造低成本无人机，目标是生产数以万计的满足不同用途的无人机；推动人类和"蜂群"更容易合作，并赋予"蜂群"更多自主性的复杂控制系统；等等。预算文件表明，"超级蜂群"计划的规模远超以往任何时候，这些"蜂群"被视为美军解决"反介入/区域拒止"（A2/AD）这一最头疼问题的答案。[116]

五、超越：未来已来，迎接"超级战争"

在人类的历史长河中，军事领域经历了数次根本性的变革（图 5-10），从刀剑弓盾和骑兵作战的冷兵器时代，到来复枪、机关枪、火炮和大规模海军、陆军作战的热兵器时代，而后到坦克、有

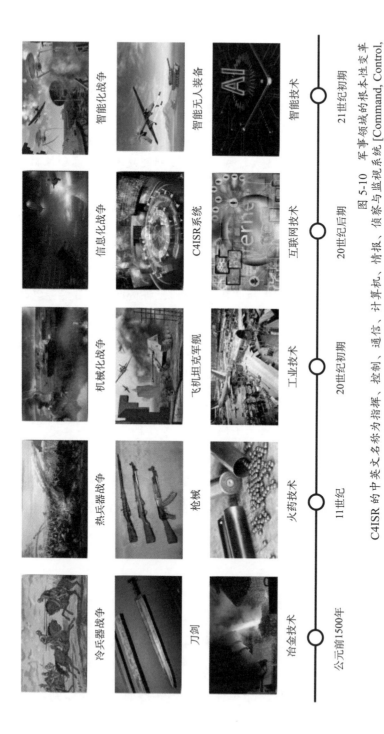

图 5-10　军事领域的根本性变革

C4ISR 的中英文名称为指挥、控制、通信、计算机、情报、侦察与监视系统 [Command, Control, Communications, Computers（C4）Intelligence, Surveillance and Reconnaissance（ISR）]

冷兵器战争　热兵器战争　机械化战争　信息化战争　智能化战争

刀剑　枪械　飞机坦克军舰　C4ISR系统　智能无人装备

冶金技术　火药技术　工业技术　互联网技术　智能技术

公元前1500年　11世纪　20世纪初期　20世纪后期　21世纪初期

人飞机、潜艇、航母等复杂作战平台和海陆空三军协同作战的机械化时代，再到精确制导、电子战、网络武器成为新宠和一体化联合作战成为主要作战样式的信息化时代，每次变革都离不开技术进步的推动——没有冶铜、冶铁技术的发展，就没有金属兵器的诞生和普及；没有火药的发明，热兵器就无从谈起；没有工业革命，机械化装备就不可能蓬勃发展；没有网络信息技术的发展，信息化装备就难以登上战争舞台。而今，随着人工智能技术的飞速发展，我们又处于新一轮军事变革的历史交汇点，正在迎接智能化时代的到来。

　　人工智能对战争的影响广泛而深刻。人工智能并不是普通意义上的面向某个特定军事领域的颠覆性技术和前沿技术，而是一种能够推动整体军事能力和文化产生根本性变化，并在不同军事领域快速形成衍生技术的通用使能技术。通过赋予机器"智慧"与"速度"，人工智能可以显著增强情报、监视和侦察能力，可以协助指挥控制与决策甚至可以接管整个决策过程，可以使"战斗机器人"拥有战场认知能力并自主执行战斗任务，可以实现传统有人装备的无人化并展现超人的精确度、可靠性、速度与耐力等新质能力，可以使人类的决策速度呈指数级增长甚至将传统的 OODA 循环时间缩短到几乎为零（人类决策几乎完全脱离 OODA 循环），可以实现无人装备智能作战能力的可复制性（传统的训练和人力资源质量优势将不复存在），可以催生全新的作战理论、装备体系、部队编成、作战样式……有一点可以预见，在人工智能军事化应用迅猛推进的背景下，人类正在沦为战场进攻和防御体系中最薄弱的环节。因此，人类在未来战争中的角色将不断从直接转向间接、参与度将不断减少，从而根本改变战争的性质，《末日激战》（*Outside the Wire*）、《终结者》

（*The Terminator*）、《杀戮指令》（*Kill Command*）等科幻电影中的超级战士、人机大战、机器人大战等奇异诡谲的情节与场景将趋于现实。

想象一下，在未来高度活跃的陆地、海上、空中、太空等战场空间，无人机群、无人舰队、机器人特种部队、太空机器人部队甚至无人特混部队集结对阵，成为交战双方攻防重心的战争场面。这些智能无人装备使用先进的传感器对目标进行机动和精确定位，基于人工智能的算法做出决策并采取行动。军人的主要任务将不再是冲锋陷阵，而是指挥操控各种类型的智能无人装备遂行作战任务，人掌握作战主导权，智能无人装备按照人下达的作战任务、交战规划和行动限制享有"自主规划权""临机处置权"。未来的作战体系将表现为高度智能化的"机器＋人＋网络"，指挥控制系统将以"人类指挥＋机器控制"的协作方式运行，掌握算法优势的一方将享有"未战先胜"之利。美国中央司令部前副司令、海军陆战队上将约翰·艾伦将这种由人工智能推动、机器发动的冲突称为"超级战争"。[117]或许很多人会认为目前人工智能的发展进步尚处于初级阶段，"超级战争"距离我们还很遥远。但是摩尔定律已向世人揭示了通过指数进步迈入一个全新世界的过程与规律。过去十年人工智能技术的快速迭代发展和日新月异的人工智能军事化应用进程表明，人工智能技术对战争的影响即将走过量变阶段，正处于由量变到质变的拐点。正如 15 世纪一位意大利政治家在目睹捍卫城市数个世纪的城墙轻而易举地被大炮夷为平地时，不禁发出"军事变革如同一场突如其来的暴风雨颠覆了一切"的感叹一样 [96]，人工智能所推动的军事变革也许会像历次军事变革那样来临的迅速而猛烈。

与以往的每次变革类似，新一轮的军事变革也将会产生各种各样新的问题、顾虑和困境，甚至会蔓延至其他诸多领域。例如，致命性自主武器系统（LAWS）的研发及在未来战争中的应用，引发了人们对武装冲突规则、法律及伦理道德等问题的普遍关注；全新的战场认知和作战方式，可能会加剧大国军事竞争甚至重塑世界力量格局；等等。但历史和技术的进步不可阻挡，智能化时代的战争已经拉开帷幕，主动应对、迎接挑战也许是必然之道。正如军事理论家朱利奥·杜黑所说的："胜利总是向那些预见到战争特性变化的人微笑，而不会向那些等待变化发生之后才去适应的人微笑。在战争样式迅速变化的时代，谁敢为人先走新路，谁就能获得用新战争手段取代旧战争手段所带来的无可估量的利益。"[118]

　　未来已来，面对即将到来的"超级战争"，我们准备好了吗？

参 考 文 献

[1] Clifford A P. Artificial Intelligence: An Illustrated History From Medieval Robots to Neural Networks. New York: Sterling, 2019.

[2] Phillips C, Priwer S. 101 Things You Didn't Know About da Vinci: Inventions, Intrigue, and Unfinished Works. Avon: Adams Media, 2018.

[3] 周熠．"我，人工智能"专栏 | 梦想篇 I：黎明之前．https://mp.weixin.qq.com/s?_biz=MzI2NDIzMjYyMA==&mid=2247493726&idx=1&sn=a632f8a0f6289fbf965b1724bbb29f98&chksm=eaad639ddddaea8b0bde408d4e0cf46db75e430e9680f9ca178a9d22c43140424102df110165&scene=27[2023-07-20].

[4] Leibniz, G, W. Leibniz: Selections. P. P. Wiener (Ed. Trans.). New York: Scribner, 1951.

[5] 昊阳．人工智能的定义有哪些（人工智能的通俗定义）．http://www.hymm666.com/shumakeji/9105.html[2023-02-09].

[6] 简书．人工智能通识－科普－图灵机 1．https://www.jianshu.com/p/095d80463509[2023-02-17].

[7] 尼克．人工智能简史．2 版．北京：人民邮电出版社，2021.

[8] 李俨．计算尺发展史．上海：上海科学技术出版社，1962.

[9] 刘博．计算工具发展研究．大连：辽宁师范大学硕士学位论文，2015.

[10] Blaise Pascal. Pascal's Pensées. Fairford: Echo Library, 2008.

[11] ASCC Statistics. Feeds, speeds and specifications. https://www.ibm.com/ibm/

history/exhibits/markI/markI_feeds2.html[2022-11-28].

[12] Penn Engineering, University of Pennsylvania. Celebrating Penn Engineering history: ENIAC. https://www.seas.upenn.edu/about/history-heritage/eniac/[2022-11-28].

[13] McCarthy J, Minsky M L, Rochester N, et al. A proposal for the Dartmouth Summer Research Project on Artificial Intelligence. AI magazine, 2006, 27(4): 12.

[14] Seising R. Science visions, science fiction and the roots of computational intelligence. Studies in Computational Intelligence, 2013, 445: 123-150.

[15] Moravic H. Mind Children: The Future of Robot and Human Intelligence. Cambridge: Harvard University Press, 1988.

[16] Simon H A. The Shape of Automation for Men and Management. New York: Harper & Row, 1965.

[17] Minsky M L. Computation: Finite and Infinite Machines. Upper Saddle River: Prentice Hall, 1967.

[18] University of Washington. The history of artificial intelligence. https://courses.cs.washington.edu/courses/csep590/06au/projects/history-ai.pdf[2022-12-05].

[19] 噎鸣智库. 人工智能技术在军事领域的应用. 知远战略与防务研究所，2019.

[20] 周晓亮. 自我意识、心身关系、人与机器——试论笛卡尔（儿）的心灵哲学思想. 自然辩证法通讯，2005，27（4）：46-52，111.

[21] Turing A M. Computing machinery and intelligence. Mind, 1950, 59(236): 433-460.

[22] Loukides M, Lorica B. What Is Artificial Intelligence? https://www.oreilly.com/radar/what-is-artificial-intelligence/[2023-03-26].

[23] Dowd M. Elon Musk's billion-dollar crusade to stop the AI apocalypse. Vanity Fair, 2017, 26: 1-19.

[24] 斯图尔特·罗素. AI 新生 破解人机共存密码——人类最后一个大问题. 张羿，译. 北京：中信出版社，2020.

[25] 周熠. "我，人工智能"专栏 | 梦想篇Ⅲ：人工智能一甲子. https://mp.weixin.qq.com/s?_biz=MzI2NDIzMjYyMA==&mid=2247493848&idx=1&sn=ced1fbc1

a04400c737dc2594951aa77a&chksm=eaad631bdddaea0d4f545a3d223cb29314b1 e03f88b6ee776175dcd20298020714d7bc58f545&scene=178&cur_album_id=135 7369911705993217#rd[2023-07-20].

[26] Mitchell T M. Machine learning. New York: McGraw-Hill, 1997.

[27] Hinton G E, Salakhutdinov R R. Reducing the dimensionality of data with neural networks. Science, 2006, 313(5786): 504-507.

[28] The Economist. From not working to neural networking. https://www. economist.com/special-report/2016/06/23/from-not-working-to-neural-networking[2023-03-31].

[29] Cybenko G. Approximation by superpositions of a sigmoidal function. Mathematics of Control, Signals and Systems, 1989, 2(4): 303-314.

[30] Hornik K. Approximation capabilities of multilayer feedforward networks. Neural networks, 1991, 4(2): 251-257.

[31] Schäfer A M, Zimmermann H G. Recurrent neural networks are universal approximators. Artificial Neural Networks-ICANN 2006: 16th International Conference, Athens, Greece, September 10-14, 2006. Proceedings, Part I 16. Berlin: Springer, 2006: 632-640.

[32] Siegelmann H T, Sontag E D. Turing computability with neural nets. Applied Mathematics Letters, 1991, 4(6): 77-80.

[33] Delalleau O, Bengio Y. Shallow vs. deep sum-product networks. Advances in Neural Information Processing Systems, 2011, 24: 666-674.

[34] Pascanu R, Montufar G, Bengio Y. On the number of response regions of deep feed forward networks with piece-wise linear activations. arXiv preprint arXiv:1312.6098 (2013).

[35] Montúfar G, Ren Y, and Zhang L. Sharp bounds for the number of regions of maxout networks and vertices of Minkowski sums. SIAM Journal on Applied Algebra and Geometry, 2022, 6(4): 618-649.

[36] Hume D. A Treatise of Human Nature. Oxford: Clarendon Press, 1739.

[37] Wolpert D H. The lack of a priori distinctions between learning algorithms. Neural Computation, 1996, 8(7): 1341-1390.

[38] Cain M J. Fodor: Language, Mind and Philosophy. Cambridge:Polity, 2002.

[39] Penrose R. Mathematical Intelligence. Cambridge: Cambridge University Press, 1994.

[40] Gomes L. Facebook AI director Yann LeCun on his quest to unleash deep learning and make machines smarter. https://spectrum.ieee.org/facebook-ai-director-yann-lecun-on-deep-learning[2022-12-01].

[41] Lashinsky A. Stay Safe from Killer Robots-In a Puddle. https://fortune.com/2018/01/23/stay-safe-from-killer-robots-in-a-puddle/[2023-03-26].

[42] Dickson B. System 2 deep learning: The next step toward artificial general intelligence. https://bdtechtalks.com/2019/12/23/yoshua-bengio-neurips-2019-deep-learning/[2023-02-23].

[43] Vinge V. The coming technological singularity: How to survive in the post-human era. NASA. Lewis Research Center, Vision 21: Interdisciplinary Science and Engineering in the Era of Cyberspace, 1993: 11-22.

[44] 吴海 . 美国防部算法战跨职能小组负责人沙纳汉探讨算法战的未来 . https://mp.weixin.qq.com/s/cch8Kc4_JuOnnes3GmbFYw[2023-02-15].

[45] Johnson K. The U.S. military, algorithmic warfare, and big tech. https://venturebeat.com/ai/the-u-s-military-algorithmic-warfare-and-big-tech/[2023-02-10].

[46] Kearns L. An ounce of wisdom or two tons of data? https://wkarch.com/100003555/an-ounce-of- wisdom-or-two-tons-of-data/[2023-02-27].

[47] Breiman L. Statistical modeling: The two cultures. Statistical Science, 2001, 16(3): 199-231.

[48] Tishby N, Pereira F C, Bialek W. The information bottleneck method. arXiv preprint physics/0004057, 2000.

[49] Wolchover N. New theory cracks open the black box of deep learning. https://www.quantamagazine.org/new-theory-cracks-open-the-black-box-of-deep-learning-20170921/[2023-02-25].

[50] Wikiquote. Fred Jelinek. https://en.wikiquote.org/wiki/Fred_Jelinek#:~:text= According%20to%20Daniel%20Jurafsky%20and%20James%20H.%20Martin%2C, Speech%20Recognition%20and%20Understanding%20workshop% 20held%20 in%201985[2023-03-29]

[51] Valiant L. Probably Approximately Correct: Nature's Algorithms for Learning and Prospering in a Complex World. New York: Basic Books, Inc, 2013.

[52] Abu-Mostafa Y S, Magdon-Ismail M, Lin H T. Learning from Data. New York: AMLBook, 2012.

[53] Gershgorn D. The data that transformed AI research—and possibly the world. https://qz.com/1034972/the-data-that-changed-the-direction-of-ai-research-and-possibly-the-world[2023-03-01].

[54] Everingham M, van Gool L, Williams C K I, et al. The pascal visual object classes (VOC) challenge. International Journal of Computer Vision, 2010, 88(2), 303-338.

[55] Sun C, Shrivastava A, Singh S, et al. Revisiting unreasonable effectiveness of data in deep learning era. Proceedings of the IEEE International Conference on Computer Vision, 2017, (2017): 843-852.

[56] Abnar S, Dehghani M, Neyshabur B, et al. Exploring the limits of large scale pre-training. arXiv preprint arXiv:2110.02095, 2021.

[57] Lei N, An D, Guo Y, et al. A geometric understanding of deep learning. Engineering, 2020, 6(3): 361-374.

[58] 雷娜, 顾险峰. 最优传输理论与计算. 北京: 高等教育出版社, 2021.

[59] LeCun Y, et al. Gradient-based learning applied to document recognition. Proceedings of the IEEE 86.11 (1998): 2278-2324.

[60] Chan A, Okolo C T, Terner Z, et al. The limits of global inclusion in AI development. AAAI 2021 Workshop on Reframing Diversity in AI, 2021.

[61] Nightingale Open Science. Welcome to Nightingale Open Science. https://docs. nightingalescience.org/[2023-02-27].

[62] Borden T. Tim Cook is 'really stoked' about AI. https://www.businessinsider.com/

tim-cook-says-ai-is-today-most-exciting-innovation-2021-9[2023-02-23].

[63] Office of Management and Budget. Federal data strategy—Data, accountability, and transparency: creating a data strategy and infrastructure for the future. https://strategy.data.gov/[2022-11-29].

[64] European Commission. A European strategy for data. https://eur-lex.europa.eu/legal-content/EN/TXT/?uri= CELEX%3A52020DC0066&qid=1669802538145 [2022-11-29].

[65] Department for Digital, Culture, Media & Sport. National Data Strategy. https://www.gov.uk/government/publications/uk-national-data-strategy/national-data-strategy[2022-11-29].

[66] 中华人民共和国中央人民政府 . 中华人民共和国国民经济和社会发展第十三个五年规划纲要 .http://www.gov.cn/xinwen/2016-03/17/content_5054992.htm?url_type=39&object_type=webpage&pos=1[2023-02-01].

[67] 中华人民共和国中央人民政府 . 中共中央　国务院关于构建更加完善的要素市场化配置体制机制的意见 . http://www.gov.cn/zhengce/2020-04/09/content_5500622.htm[2023-02-01].

[68] 中华人民共和国中央人民政府 . 中共中央　国务院关于新时代加快完善社会主义市场经济体制的意见 . http://www.gov.cn/zhengce/2020-05/18/content_5512696.htm[2022-11-29].

[69] 岳鑫，张良福 . 大数据管辖视域下的数据疆域理论体系完善和发展 . 兰州财经大学学报，2021，37（01）: 113-124.

[70] Department of Defense. DoD data strategy: Unleashing data to advance the national defense strategy. https://media.defense.gov/2020/Oct/08/2002514180/-1/-1/0/DOD-DATA-STRATEGY.PDF [2022-11-29].

[71] Ministry of Defence. Digital strategy for defence delivering the digital backbone and unleashing the power of defence's data. https://assets.publishing.service.gov.uk/government/uploads/system/uploads/attachment_data/file/990114/20210421_-_MOD_Digital_Strategy_-_Update_-_Final.pdf[2022-11-30].

[72] OpenAI. AI and compute. https://openai.com/blog/ai-and-compute/[2022-12-06].

[73] Marr B. What is GPT-3 and why is it revolutionizing artificial intelligence? https://www.forbes.com/sites/bernardmarr/2020/10/05/what-is-gpt-3-and-why-is-it-revolutionizing-artificial-intelligence/?sh=666c2d19481a[2022-12-06].

[74] Courtland R. Gordon Moore: The man whose name means progress. https://spectrum.ieee.org/gordon-moore-the-man-whose-name-means-progress[2022-11-29].

[75] Schaller B. The origin, nature, and implications of "Moore's law". http://jimgray.azurewebsites.net/moore_law.html[2022-11-29].

[76] M/s M. R. Mutha. http://www.mrmutha.com/[2022-11-17].

[77] Courtland R. A longtime collaborator recalls the first time he met Gordon Moore. https://spectrum.ieee.org/qa-carver-mead[2022-11-17].

[78] Andy H. Creative Think. https://www.folklore.org/StoryView.py?project=Macintosh&story=Creative_Think.txt[2023-03-29].

[79] Association for Computing Machinery. John Hennessy and David Patterson Deliver Turing Lecture at ISCA 2018. https://www.acm.org/hennessy-patterson-turing-lecture [2023-03-31].

[80] Hennessy J L, Patterson D A. A new golden age for computer architecture. Communications of the ACM, 2019, 62(2): 48-60.

[81] AI Impacts. Brain performance in TEPS. https://aiimpacts.org/brain-performance-in-teps/[2022-11-30].

[82] Brooks R, Hassabis D, Bray D, et al. Is the brain a good model for machine intelligence?. Nature, 2012, 482(7386): 462.

[83] Bowman M W, Koeble J. Elon Musk announces plan to 'merge' human brains with AI. https://www.vice.com/en/article/7xgnxd/elon-musk-announces-plan-to-merge-human-brains-with-ai#:~:text=Elon%20Musk%20announced%20late%20Tuesday%20night%20that%20the,will%20be%20able%20to%20keep%20up%20with%20AI[2023-02-10].

[84] Wattles J. Elon Musk's neuralink shows brain implant prototype and robotic surgeon during recruiting event. https://edition.cnn.com/2022/11/30/tech/elon-musk-neuralink-show-and-tell-scn/index.html[2023-02-10].

[85] Ashley Capoot. Elon Musk's brain implant company Neuralink announces FDA approval of in-human clinical study. https://www.cnbc.com/2023/05/25/elon-musks-neuralink-gets-fda-approval-for-in-human-study.html[2023-05-26].

[86] Da Vinci L, Richter I A. Notbooks. New York: Oxford University Press, 2008.

[87] Biamonte J, Wittek P, Pancotti N, et al. Quantum machine learning. Nature, 2017, 549(7671): 195-202.

[88] U.S. Army CCDC Army Research Laboratory Public Affairs. Army researchers develop efficient distributed deep learning. https://www.army.mil/article/232831/army_researchers_develop_efficient_distributed_deep_learning[2022-11-30].

[89] Li H, Kadav A, Kruus E. Malt: Distributed data-parallelism for existing ML applications. Proceedings of the Tenth European Conference on Computer Systems, 2015.

[90] Watcharapichat P, Morales V L, Fernandez R C, et al. Ako: Decentralised deep learning with partial gradient exchange. Proceedings of the Seventh ACM Symposium on Cloud Computing, 2016: 84-97.

[91] Zhang H, Zheng Z, Xu S, et al. Poseidon: An efficient communication architecture for distributed deep learning on GPU clusters. Proceedings of the 2017 USENIX Conference on Usenix Annual Technical Conference, 2017: 181-193.

[92] Muhammad S, Clement F, Yoon C J M, et al. Biscotti: A blockchain system for private and secure federated learning. IEEE Transactions on Parallel and Distributed Systems 2020, 32(7): 1513-1525.

[93] Lamport L, Shostak R, Pease M. The Byzantine Generals Problem. https://lamport.azurewebsites.net/pubs/byz.pdf[2023-03-29].

[94] 爱空军. RQ-4 全球鹰 作战历史. http://www.iairforce.com/rq-4/operationalhistory [2023-03-24].

[95] Mattock M G, Asch B J, Hosek J, et al. The relative cost-effectiveness of retaining versus accessing air force pilots. https://www.rand.org/pubs/research_reports/RR2415.html[2023-02-10].

[96] Singer P W. Wired for War: The Rrobotics Revolution and Conflict in the 21st

Century. New York: Penguin, 2009.

[97] Pant A. Automation of kill cycle: On the verge of conceptual changeover. https:// www.thedispatch.in/automation-of-kill-cycle-on-the-verge-of-conceptual-changeover/[2022-11-16].

[98] The National Security Commission on Artificial Intelligence. Final report: National security commission on artificial intelligence. https://www.nscai.gov/wp-content/uploads/2021/03/Full-Report-Digital-1.pdf[2023-02-13].

[99] Licklider J C R. Man-computer symbiosis. IRE Transactions on Human Factors in Electronics. 1960, HFE-1: 4-11.

[100] 陆天歌, 王兆亮. 进入大数据时代, 数据挖掘技术或将成为战场制胜的核心要义——数据挖掘: 帮你读懂未来战争. http://www.81.cn/jfjbmap/content/2018-12/14/content_223213.htm[2023-05-20].

[101] Mizokami K. This AI hunts Chinese missiles sites. Popular mechanics. 2017. https://www.popularmechanics.com/military/research/a13865168/this-ai-hunts-chinese-missiles-sites/[2023-02-10].

[102] Airforce Technology. Mind's Eye: Visual intelligence takes to the battlefield. https://www.airforce-technology.com/features/feature122432/[2022-11-16].

[103] Army Technology. DARPA selects SRI for Mind's Eye programme. https://www.army-technology.com/news/news122660-html/[2022-11-16].

[104] Jon H. Artificial intelligence to sort through ISR data glut. National Defense. 2018, 102(770): 33-35.

[105] Jacobsen A. First platoon: A story of modern war in the age of identity dominance. New York: Dutton, 2021.

[106] Palantir Technologies. AI-enabled operations. https://www.palantir.com/assets/xr fr7uokpv1b/3A0y10xksgXENvRMNaAsUu/ed8f7f1ed534c0101f64536a85f729 7b/Gotham_AI-Enabled_Operations_White_Paper.pdf[2023-02-13].

[107] Defense Advanced Research Projects Agency. BAA 07-56 Deep Green Broad Agency Announcement (BAA). https://www.defenseindustrydaily.com/files/PUB_BAA_DARPA_07-56_Deep_Green.pdf[2023-02-10].

[108] The U.S. Army Contracting Command-Aberdeen Proving Ground. The commander's virtual staff (CVS). https://www.rfpdb.com/view/document/name/The-Commander%27s-Virtual-Staff-%28CVS%29_W56KGU_15_R_XXXX[2023-02-10].

[109] Clark B, Patt D, Schramm H. Mosaic warfare: Exploiting artificial intelligence and autonomous systems to implement decision-centric operations. Center for Strategic and Budgetary Assessments, 2020: 17.

[110] von Clausewitz C. On War. Translated by Peter Paret. Princeton: Princeton University Press, 1989.

[111] Reilly M B. Beyond video games: New artificial intelligence beats tactical experts in combat simulation. https://magazine.uc.edu/editors_picks/recent_features/alpha.html[2023-03-27].

[112] 白子龙. DARPA "阿尔法" 空中格斗竞赛落幕: AI 完胜 F-16 飞行员. https://mp.weixin.qq.com/s/R-tjjIel_G02n3X1FsLgZQ[2023-05-24].

[113] Ilachinski A. AI, robots, and swarms: Issues, questions, and recommended studies. Arlington: Center for Naval Analyses (CNA), 2017.

[114] Scharre P. Robotics on the battlefield part Ⅱ: The coming swarm. https://s3.us-east-1.amazonaws.com/files.cnas.org/hero/documents/CNAS_TheComingSwarm_Scharre.pdf?mtime=20160906082059&focal=none[2023-02-25].

[115] 杨王诗剑. 引领海战革命: 浅析无人机 "蜂群战术". 兵器知识, 2016, (3): 60-63.

[116] Hambling D. The US navy wants swarms of thousands of small drones. https://www.technologyreview.com/2022/10/24/1062039/us-navy-swarms-of-thousands-of-small-drones/[2023-02-13].

[117] 阿米尔·侯赛因. 终极智能: 感知机器与人工智能的未来. 赛迪研究院专家组, 译. 北京: 中信出版社, 2018.

[118] Douhet G. The Command of the Air. Ferrari D translated. Alabama: Air University Press, 2009.

后　记

　　"强大的人工智能的崛起，可能是人类有史以来发生过的最好的事，也可能是最糟糕的事"。[①] 物理学家史蒂芬·霍金对人工智能做出如是评价。那么，人工智能到底是好还是坏？说它最好，体现在何处？说它最糟糕，又会带来何种不可预知的后果？作为一只脚已经踏入智能时代的人类，我们应该以何种态度来对待人工智能？

　　创造具有类人智能的机器，将人类这一高级生命体的智能赋予非自然起源与非生命体的机器，是石破天惊般具有划时代意义的壮举，也是人类最伟大的智力冒险。我们知道，地球生命和智力的形成，经过了 40 多亿年有机化学规律的演化。这个残酷的优胜劣汰的过程缓慢且艰辛。第一团在闪电和宇宙射线作用下出现的有机分子、第一条为了生存而从海洋奋力爬向陆地的鱼、第一个偶然间发现并尝试使用火的猿人……都被视为地球生命和智力进化史上的里程碑。如今，机器作为人工智能的载体，正在另一个赛道上日新月异地迅

---

　　① University of Cambridge. "The best or worst thing to happen to humanity"-Stephen Hawking launches Centre for the Future of Intelligence. https://www.cam.ac.uk/research/news/the-best-or-worst-thing-to-happen-to-humanity-stephen-hawking-launches-centre-for-the-future-of[2023-04-27].

猛发展，颠覆了传统的进化规律和演化节奏，也颠覆了人类对生命和智力的认知。

面对智能化发展的汹涌浪潮，我们期盼人工智能可以造福人类，将人类从繁重的劳动中解放出来，担负起人类难以完成的任务，甚至在各个领域比人类做得更好、更快、更强。就像《钢铁侠》（*Iron Man*）中的贾维斯那样成为人类的最强辅助，召之即来，挥之即去，满足人类的一切所需。同时，我们又不希望人工智能给人类带来风险和伤害，成为违背伦理道德和侵犯隐私的利器，成为剥削、压迫和杀戮的工具，甚至像《终结者》中所预言的那样滑向最糟糕的深渊——最终摆脱人类的掌控并反噬人类。因此，面对人工智能的高速发展，我们既欢欣鼓舞，又不免时存担忧、疑虑或恐惧。但是，当我们置身于全球主要国家都在奋楫勇进、加快抢占人工智能战略制高点的大势之下，这些担忧、疑虑或恐惧又变得苍白无力，唯恐落后一步就可能错失一个时代，进而遭受无情的降维打击……

未来的人工智能将会展现怎样的发展前景和应用？对待人工智能，我们应该如何努力迈向最好的方向、避免最糟糕的结果？这些问题已经引发了许多有识之士的思考，也欢迎广大读者研究探讨，及时和我们交流。

本书在编写过程中得到范军涛、田瑜、徐菁、洪超印、杜静、唐清泽、李立、曹亮、孙鹏等同志的大力支持，他们在核校、编辑、出版等方面做了大量卓有成效的工作，在此致以衷心的感谢！

最后，我们诚恳地说明，由于作者水平和能力有限，书中的不当之处在所难免，请读者和专家们批评指正！

杨学军

2023 年 4 月